Die Kinematik der elastischen 6 – Loch – Gelenkkupplung

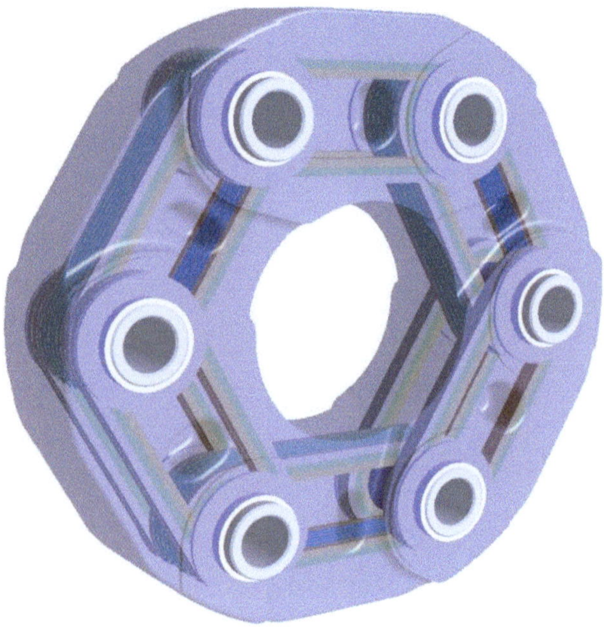

Horst Rainer Andrä · Gabor Siegfried Andrä

Die Kinematik der elastischen 6 – Loch – Gelenkkupplung

Mit elastomerummantelter Kordschlingenarmierung

Springer Vieweg

Horst Rainer Andrä
Fa. Energie- und Schwingungstechnik (E-S-T)
Limburg, Deutschland

Gabor Siegfried Andrä
Fa. Energie- und Schwingungstechnik (E-S-T)
Limburg, Deutschland

ISBN 978-3-662-61529-4 ISBN 978-3-662-61530-0 (eBook)
https://doi.org/10.1007/978-3-662-61530-0

Die Deutsche Nationalbibliothek verzeichnet diese Publikation in der Deutschen Nationalbibliografie; detaillierte bibliografische Daten sind im Internet über http://dnb.d-nb.de abrufbar.

Planung/Lektorat: Michael Kottusch
Springer Vieweg ist ein Imprint der eingetragenen Gesellschaft Springer-Verlag GmbH, DE und ist ein Teil von Springer Nature.
Die Anschrift der Gesellschaft ist: Heidelberger Platz 3, 14197 Berlin, Germany

Inhaltsverzeichnis

1 Einleitung

Insbesondere in PKW – Antriebssträngen mit Heck- bzw. Allradantrieb und auch in vielen Anwendungen der sonstigen Industrie werden seit vielen Jahrzehnten millionenfach hyperelastische Gelenkkupplungen, auch **„Gelenkscheiben"** genannt, zur wartungsfreien Drehmomentübertragung, Erfüllung der radialen Führungs- und Gelenkfunktion, Dämpfung und Isolation von Axial-, Torsions-, Radial- und Biegeschwingungen der Antriebswellen und als akustisches Abstimmelement mit Schutz- und Harmonisierungsfunktion in unterschiedlichen Ausführungsformen in Groß- und Kleinserie verbaut (vgl. Abb. 1.1).

Die weitaus häufigste Ausführung dieser Kupplungsart ist die sog. 6 – Loch – Gelenkkupplung.

Die Kenntnis der Bewegungsabläufe und des inneren Kraftausgleichs solcher Bauteile ist insbesondere für die Entwicklung von Gelenkwellen und das Verständnis des akustischen und schwingungstechnischen Verhaltens des Antriebsstranges von Bedeutung.

Hier wird das kinematische Verhalten solcher Kupplungen unter Beugewinkel an Hand eines geeigneten kinematischen Modells analytisch berechnet und es wird der Einfluss der wesentlichen physikalischen Größen auf das Umlaufverhalten dieser Bauteile mit – und ohne Drehmomentbelastung beschrieben.

Trägheitseffekte und äußere dynamische Erregungen bleiben dabei unberücksichtigt.

Das um die Beugeachse durch den Ausgleich innerer Federkräfte der 6 – Loch – Gelenkkupplung errechnete Rückstellmoment wird mit experimentellen Daten verglichen.

Als Grundlage dieses Beitrages dienen primär die Resultate der Forschungsarbeit von ANDRÄ, G., welche in [1] zusammengefasst sind.

H. R. Andrä und G. S. Andrä, *Die Kinematik der elastischen 6 – Loch – Gelenkkupplung*,
https://doi.org/10.1007/978-3-662-61530-0_1

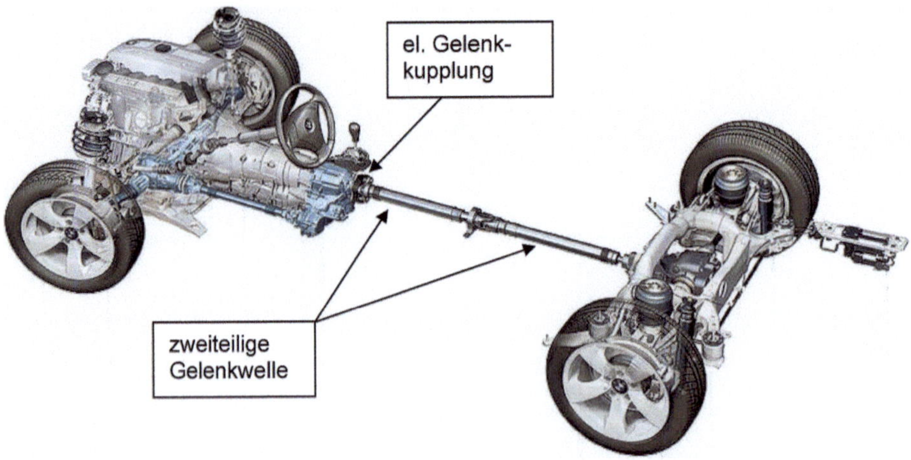

Abb. 1.1 Antriebsstrang (BMW) mit Gelenkwelle und el. Gelenkkupplung

2 Konstruktiver Aufbau der 6 – Loch – Gelenkkupplung

Eine 6 – Loch – Gelenkscheibe, wie sie mit ihren Anschlusselementen für den Fall der Anwendung zwischen Getriebeausgang und dem vorderen Antriebswellenrohr eines PKW – Heck – Antriebes mit teilweise von der Elastomerummantelung freigeschnittenen Kordeinlagen, sog. Schlingenpaketen, ist in Abb. 2.1 abgebildet.

Das getriebeseitig anliegende Drehmoment wird in diesen Maschinenelementen über sog. Schlingenpakete auf die Gelenkwelle übertragen, welche aus mehreren hundert einzelnen Fadenschlingen bestehen, die sich um zwei benachbarte, stählerne Hohlzylinder (im folgenden Rohrbuchsen genannt) winden. Der Faden wiederum ist i. d. R. aus mindestens zwei gegeneinander verdrillten Garnen aufgebaut, die ihrerseits wiederum aus mehreren hundert Filamenten, üblicherweise aus einem Polyamid-Werkstoff, z. B. PA 6.6, bestehen, siehe Abb. 2.2.

Die so konstruierten Schlingenpakete sind in den Kupplungen kranzförmig derart angeordnet, dass sich die Radien zweier benachbarter Schlingenpakete, welche dieselbe Rohrbuchse umschlingen, überlappen.

Diese Konstruktion ist von einer elastomeren Ummantelung umhüllt, die meistens auf Naturkautschuk (NR) aufgebaut ist, aber auch auf künstlichem Elastomer, wie z. B. Silikon, basieren kann.

Abb. 2.3 zeigt den inneren Aufbau einer 6 – Loch – Gelenkkupplung.

Zur axialen Führung der Schlingenpakete auf jeder stählernen Rohrbuchse dienen mindestens zwei metallische Buchsen mit Bund (Bundbuchsen), die auf den Rohrstücken aufgepresst sind.

Durch die im Zentrum der Baugruppe in Abb. 2.1 angeordnete, in den Wellenflansch eingepresste, winkelbewegliche Zentrierhülse, in welcher der Zentrierzapfen an der Getriebeausgangswelle axial gleiten kann, wird die radiale Führung des vorderen Gelenkwellenstückes gewährleistet.

H. R. Andrä und G. S. Andrä, *Die Kinematik der elastischen 6 – Loch – Gelenkkupplung*,
https://doi.org/10.1007/978-3-662-61530-0_2

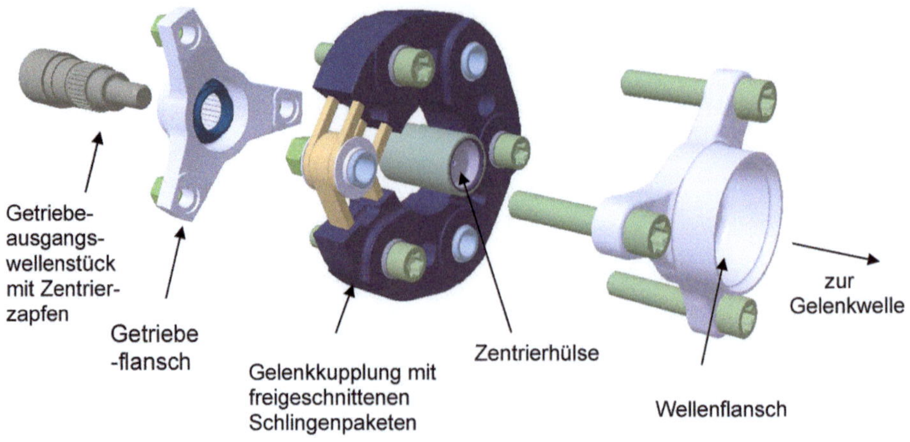

Abb. 2.1 6 – Loch – Gelenkscheibe mit Peripherie

Abb. 2.2 Schlingenpaket mit Detailausschnitt

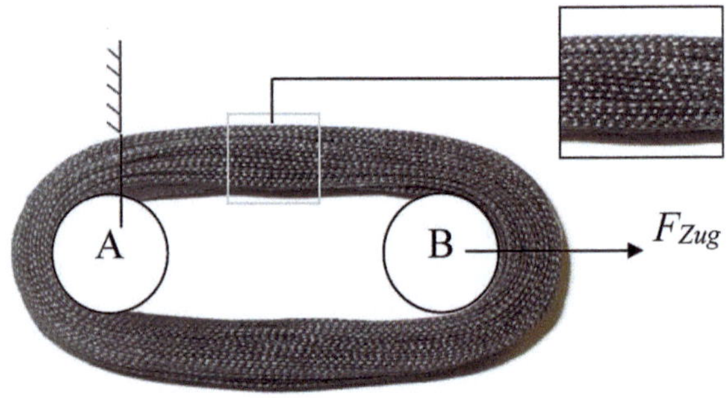

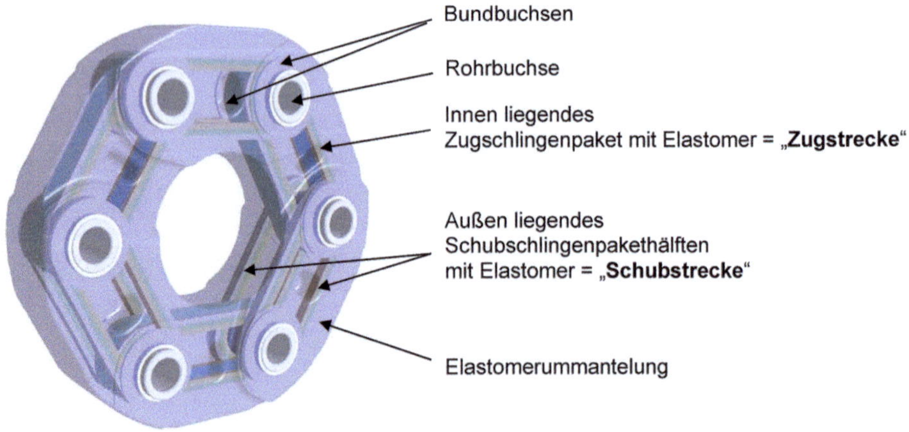

Abb. 2.3 Innerer Aufbau einer 6 – Loch – Gelenkkupplung

Die Gelenkkupplung wird an den beiden Flanschen durch je drei Schrauben, welche auf dem Lochkreis mit Radius R_{LK} in Sechserteilung verteilt sind, befestigt. Dabei ist konstruktiv sicher gestellt, dass die axiale und radiale Mitte der Gelenkkupplung und das axiale und radiale Zentrum der Winkelbeweglichkeit der Zentrierhülse in einem Punkt liegen.

Im Folgenden sollen diese Bauteile nach der in der Automobilindustrie üblichen, auf die Drehrichtung des Antriebsstranges bezogenen Nomenklatur bezeichnet werden.

Bei Vorwärtsfahrt bzw. im Zugbetrieb des Fahrzeugs erfolgt die Kraftübertragung im Wesentlichen über die innen liegenden Schlingenpakete, daher werden sie im Folgenden als „Zugschlingenpakete" bezeichnet. Bei Rückwärtsfahrt bzw. im Schubbetrieb des Fahrzeugs erfolgt die Kraftübertragung im Wesentlichen über die hälftig außen liegenden Schlingenpakete, daher werden sie im Folgenden als „Schubschlingenpakete" bezeichnet.

Entsprechend bezeichnet man die drei Abschnitte der Kupplung, welche das Zugschlingenpaket enthalten, als „Zugstrecken" und die drei außen liegenden Paare von Schubschlingenpakethälften als „Schubstrecken".

Werden bei Zugbetrieb die Zugstrecken gedehnt, werden gleichzeitig die Schubstrecken gestaucht. Der Stauchweg ist dabei nicht exakt derselbe wie der Zugweg, beide Wege können jedoch für die im Betrieb auftretenden Torsionswinkel bis ca. 10° mit guter Näherung gleichgesetzt werden.

Berechnung der Kupplungs – Kinematik ohne Drehmomentbeaufschlagung unter Beugewinkel

3

Um ein grundsätzliches Verständnis von der Kinematik dieser Gelenkkupplungs-Ausführung, ein Werkzeug zur Auslegung der Abmessungen und zur Auswahl der Stoffeigenschaften der eingesetzten Werkstoffe sowie zur Plausibilitätskontrolle komplexer FEM- Simulationen zu erhalten, wird hier die Bewegung hinter der Gelenkkupplung unter Berücksichtigung des inneren Kraftausgleiches bei gleichförmigem Umlauf der Antriebswelle analytisch berechnet.

Hierzu wird das in Lit. 1 vorgestellte, ebene Kinematikmodell (vgl. Lit. 1, S. 83 ff.) um Einflussgrößen erweitert, welche die Axialerstreckung, die Erstreckung des Übergangs zwischen Zug- und Druckbelastung sowie die Einspannungssituation der Kraftübertragerfedern (KüF) berücksichtigen.

3.1 Lösungsbestimmende Parameter

Neben dem Drehwinkel $\Omega_1 t$ (Ω_1 = const.) und dem Beugewinkel β bestimmen die folgenden, dimensionslosen Parameter die Bewegung des Abtriebes hinter der Gelenkkupplung und es werden folgende Annahmen der Modellrechnung zugrunde gelegt:

a) Die Schlingenpakte werden als elastische Zug- Druckfedern mit der Ausgangslänge L_0 angesehen, die an den benachbarten Flanscharmen am Lochkreisradius R_{LK} angreifen. Ihre reduzierte Ausgangslänge ist somit bei der hier vorliegenden 6 – er Teilung

$$L_O/R_{LK} = 1.$$

Alle weiteren geometrischen Parameter werden mit der für das Bauteil charakteristischen Länge R_{LK} zu dimensionslosen Größen reduziert.

H. R. Andrä und G. S. Andrä, *Die Kinematik der elastischen 6 – Loch – Gelenkkupplung*, https://doi.org/10.1007/978-3-662-61530-0_3

b) Die Zug-Schlingenpakete sind in der Regel stärker dimensioniert ($C_{Zugstrecke,Zugbelastung} \equiv C_{ZZ}$) als die axial hierzu nach außen versetzt angeordneten Schub-Schlingenpakethälften ($C_{Schubstrecke,Zugbelastung} \equiv C_{SZ}$) (vgl. Abb. 2.4). In den Anwendungen findet man das Verhältnis der Steifigkeiten im Bereich

$$2/3 \leq a = C_{SZ}/C_{ZZ} \leq 1.$$

Das Verhältnis dieser Steifigkeiten ist für den in Abb. 3.1 dargestellten Fall $a \approx 0{,}9$.

c) Die Zugsteifigkeit C_{ZZ} bzw. C_{SZ} der KüF ist deutlich größer als ihre Drucksteifigkeit C_{ZD} bzw. C_{SD}, wie die Messungen in Abb. 3.1 belegen.
Der aufsteigende Ast der Hystereseschleifen im 1. Quadranten zeigt zunächst einen nichtlinearen Anstieg der Zugkraft, welcher dann in einen näherungsweise linearen Verlauf übergeht. Der Verlauf im 3. Quadranten (Druckbereich) ist mit erheblich geringerer Steigung ebenfalls praktisch linear. Hier ist das Fadenpaket entlastet und die Drucksteifigkeit ergibt sich im Wesentlichen aus der Härte und den Abmessungen der Fadenpaketummantelung aus Elastomer. Für dieses Steifigkeitsverhältnis gilt in den Anwendungen:

$$b_Z = C_{ZD}/C_{ZZ} \text{ bzw. } b_S = C_{SD}/C_{SZ} < 0{,}2.$$

Aus den Steifigkeitswerten in Abb. 3.1 errechnet man für $b_Z \approx 0{,}07$ und für $b_S \approx 0{,}10$.
Die Drucksteifigkeit des Schubstreckensegmentes ist üblicherweise größer als

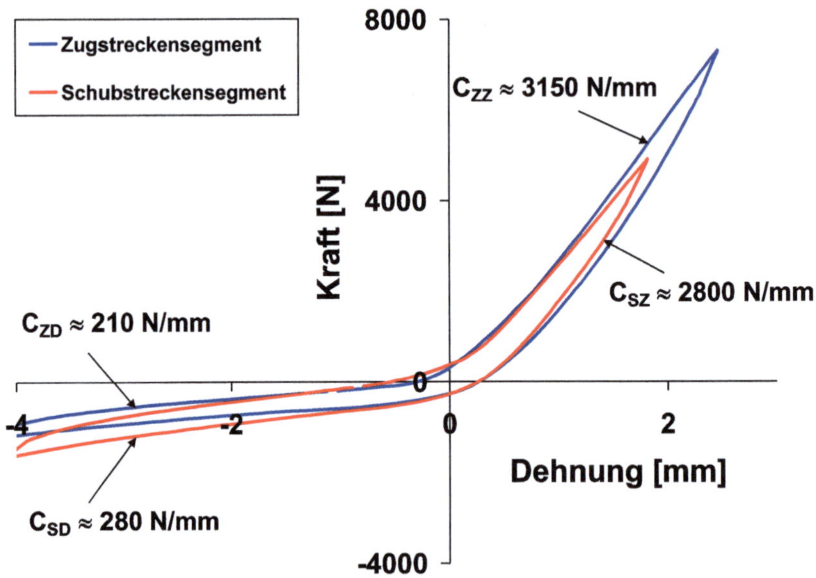

Abb. 3.1 Hystereseschleifen der Segmente (KüF) einer 6 – Loch – Gelenkkupplung mit Steifigkeitsangaben

diejenige des Zugstreckensegmentes, da hier erheblich mehr Elastomerquerschnitt vorliegt (vgl. Schnitte in Abb. 2.2), die Federlängen aber vergleichbar groß sind (vgl. Lit. 2, S. 25 ff.).

d) Die Anbindung an den Flanscharmen sei hier zunächst beidseitig gelenkig, sodass nur Zug- und Druckkräfte, nicht aber Schubkräfte oder Biege- und Torsionsmomente übertragen werden können.
Die Schubschlingenpakete sind konstruktionsbedingt je zur Hälfte in axialer Erstreckung vor und hinter den Zugschlingenpaketen angeordnet. Dieser Axialversatz Δz_S wird durch den Parameter $d = \Delta z_S / R_{LK}$ beschrieben, welcher in den Anwendungen etwa im Bereich

$$0{,}1 \leq d \leq 0{,}3$$

auftritt. Im ausgewählten Beispiel gilt für $d = 0{,}175$.

e) Im Übergangsbereich der Kennlinien in Abb. 3.1 werden die Fadenlagen im Schlingenpaket gestrafft. Die Fäden, bestehend aus Garnen, die wiederum aus vielen Filamenten aufgebaut sind, werden schließlich im Zenitbereich der Schlingenpaketkrümmung weitgehend bleibend zur dichtesten Packung umgeformt (vgl. Lit. 1; S. 53 ff. bzw. Abb. 2.3).
Dieser Bereich ist für die akustische Abstimmung der Gelenkkupplungen im Antriebsstrang relevant und seine Ersteckung E_Z bzw. E_S kann durch konstruktive- oder/und Prozess-Parameter beeinflusst werden.
Wird z. B. die Kupplung mit einem Lochkreisradius $R_{LK} + \Delta$ hergestellt und an Flanschen mit genau R_{LK} verbaut, so liegt eine Druckvorspannung der KüF vor und der Übergang zur Zugbelastung tritt erst ab der Entlastung aus dieser Vorspannung auf.
Hier wird die Erstreckung der Übergangsbereiche durch die dimensionslosen Größen $e_Z = E_Z / R_{LK}$ bzw. $e_S = E_S / R_{LK}$ beschrieben. In den Anwendungen liegen die Werte der Erstreckung des Übergangs etwa im Bereich:

$$0 < e_Z;\ e_S \leq 0{,}05$$

Der Übergangsbereich E_S erstreckt sich im vorliegenden Beispiel über etwa 1–1,2 mm (vgl. Abb. 3.5). Nach Division durch den Radius R_{LK} folgt für $e_S \approx 0{,}02$.
Analog lässt sich aus den Messwerten für das Zugschlingenelement ebenfalls $e_Z \approx 0{,}02$ abschätzen. Hier soll $e_S \approx e_Z = e$ gelten.

f) Die Zentrierung der Kupplung wird hier als radial steifes Kugelgelenk mit einem translatorischen Freiheitsgrad approximiert, sodass kardanische und axiale Bewegungen zwischen der Antriebs- und Abtriebswelle zugelassen sind und die radiale Führung der Anordnung exakt gegeben ist.
In den Anwendungen allerdings ist die Zentrierhülse radial mithilfe einer dünnwandigen Elastomerschicht in sehr engen Grenzen nachgiebig gestaltet.

g) An- und Abtriebswelle mit Flanschen werden gegenüber den Federn als starr angenommen und Massenkräfte bleiben unberücksichtigt.

h) In Abschn. 3.5 wird die Wirkung einer elastischen Einspannung der KüF auf die Kräfte und Momente an den Befestigungspunkten berechnet und unter 3.6 werden die hieraus folgenden Ergebnisse im Vergleich zur gelenkigen Einspannung betrachtet. Hier fließen die wesentlichen geometrischen Abmessungen der KüF sowie der Schubmodul des zur Ummantelung der Schlingen verwendeten Elastomerwerkstoffes als die o. a. Steifigkeiten bestimmende Größen ein.
Analog zu den in Abb. 3.1 dargestellten Messungen an den Zug- und Schubelementen des ausgewählten Serienbeispiels können experimentell die entsprechenden Steifigkeiten im relevanten Deformationsbereich bestimmt werden.

Auf die Zugsteifigkeit der Zugelemente C_{ZZ} bezogen folgt für die spezifischen Schubsteifigkeiten der KüF in z – Richtung:

$$b_{1Z} = C_{Z\mathrm{Schub}} / C_{ZZ} \approx 0{,}02 \text{ und } b_{1S} = C_{S\mathrm{Schub}} / C_{ZZ} \approx 0{,}03.$$

Für die reduzierten Torsionssteifigkeiten um die KüF – Achse gelten die Werte:

$$b_{2Z} = C_{Z\mathrm{Tors.}} / \left(C_{ZZ} R_{LK}^2\right) \approx 0{,}003, \; b_{2S} = C_{S\mathrm{Tors.}} / \left(C_{ZZ} R_{LK}^2\right) \approx 0{,}004.$$

Die Verdrehsteifigkeiten der KüF um die Achse durch die Befestigungspunkte senkrecht zur x-y-Ebene betragen:

$$b_{3Z} = C_{Z\mathrm{Drehg.}} / \left(C_{ZZ}\ R_{LK}^2\right) \approx 0{,}04 \text{ und } b_{3S} = C_{S\mathrm{Drehg.}} / C_{ZZ}\ R_{LK}^2 \approx 0{,}08.$$

3.2 Ebenes Kinematikmodell mit gelenkiger Kraftübertragerbefestigung

Da es sich bei den in Elastomer eingebetteten Schlingenpaketen um im Verhältnis zur mittleren Zugsteifigkeit schub-, biege- und torsionsweiche Kraftübertrager handelt, wird erwartet, dass dieses Modell, die Kinematik und die Kraftverhältnisse betreffend, bereits realitätsnahe Ergebnisse liefert.

Mit den Anwendungen genau übereinstimmende Werte für die Rückstellmomente, welche bei Beugung der Gelenkkupplung auftreten, sowie lokale Spannungen, dürfen aus Berechnungen mit diesem Modell jedoch nicht erwartet werden.

Der Aufbau des ebenen Modells aus Lit. 1 mit gelenkiger Einspannung ist in Abb. 3.2 ohne Teilung und Axialversatz der Schubschlingenpakete zu sehen ($d = 0$).

Wird die Gelenkwelle auf der Antriebsseite festgehalten und an der Kupplung um den Winkel β gebeugt, kann man folgendes Verhalten beobachten:

Die Zug- und Druckkräfte der Federn, die als Reaktionen auf die Beugung über die Anbindungspunkte in den Abtrieb eingeleitet werden, erzeugen in Summe ein momentanes Momentenungleichgewicht um die Drehachse ζ des Abtriebes, welches zu einer rotatorischen Ausgleichsbewegung des Abtriebes um die ζ – Achse führt, bis die

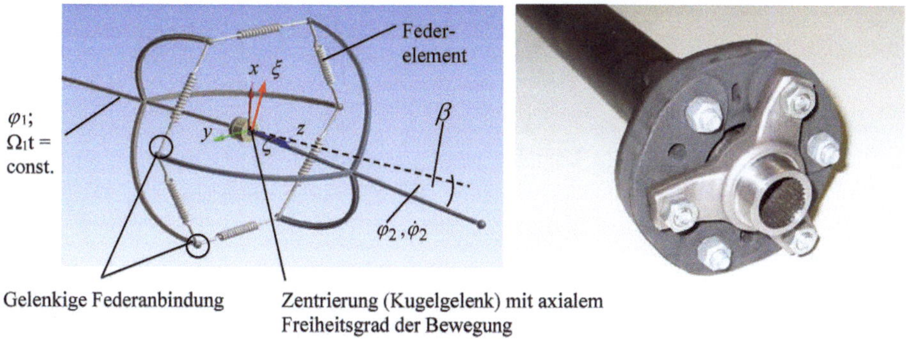

Abb. 3.2 ebenes Kinematikmodell der 6 – Loch – Gelenkkupplung und reale Baugruppe (vgl. Lit. 1, S. 84, Abb. 63)

Summe der Umfangskräfte um diese Achse verschwindet. Ebenso tritt dann auch um die z – Achse keine resultierende Umfangskraft mehr auf.

Der hierbei überstrichene sog. Ausgleichswinkel sei mit ϑ bezeichnet.

Wenn die Lagerungssituation auf beiden Seiten der Gelenkkupplung dies zulässt, wird hierbei auch die Summe der Axialkräfte innerhalb der Kupplung durch eine Axialverschiebung Δz der Zentrierhülse mit Abtriebsflansch auf dem Zentrierzapfen der Antriebswelle gleich Null.

Die Bewegung des Abtriebes bei Betrieb der idealisierten Gelenkwelle unter Beugewinkel kann somit als Superposition von vier Bewegungsanteilen beschrieben werden. Hierbei werden die ersten beiden Anteile aufgeprägt und die beiden weiteren Teilbewegungen stellen Reaktionen zum Ausgleich von Umfangs- und Axialkräften innerhalb der Gelenkkupplung dar (vgl. Abb. 3.3):

1. Reine Drehung des ungebeugten Abtriebes um $\Omega_1 t$ (Abb. 3.3a),
2. Reine Beugung des um $\Omega_1 t$ gedrehten Abtriebes, ohne dass ein Ausgleichswinkel und ein Axialkraftausgleich zugelassen wird (Abb. 3.3b),
3. Zulassen eines Ausgleichswinkels ϑ bis zum Ausgleich der Summe der Umfangskräfte aller Kraftübertragerfedern und gleichzeitige
4. Zulassung einer axialen Verschiebung der Zentrierhülse mit Abtriebsflansch um den Weg $\delta_z = \Delta z / R_{LK}$ bis zum Verschwinden der Axialkraftsumme (vgl. Abb. 3.3c, d).

Das kartesische Koordinatensystem des Antriebes bleibt ortsfest am Schnittpunkt zwischen der Drehachse (z – Achse) und der axialen Symmetrieebene der Gelenkkupplung (x – y – Ebene) vor Beugung angeordnet.

Das Koordinatensystem des Abtriebes hat seinen Ursprung im jeweiligen Drehpunkt der Beugung, dabei weisen die ξ – und Ψ – Achse in radiale und die ζ- Achse in axiale

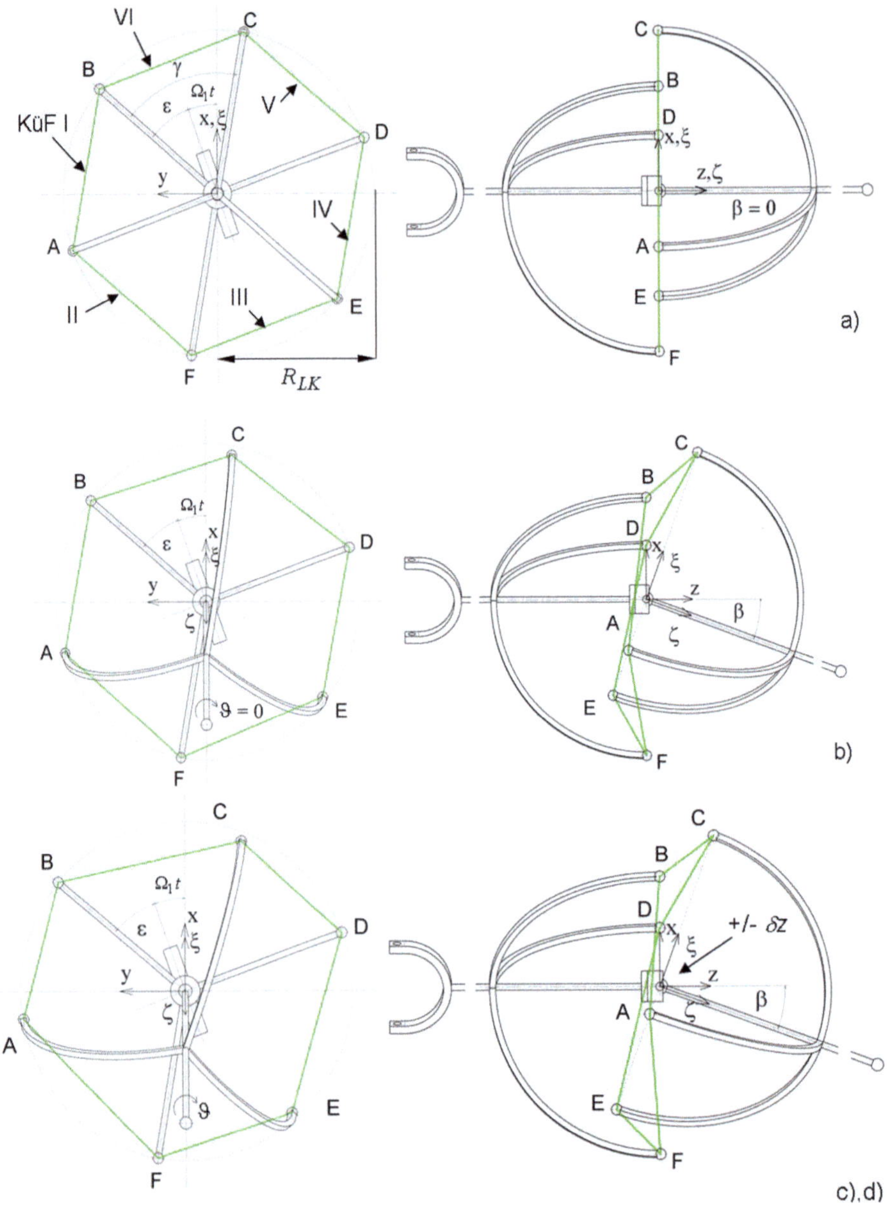

Abb. 3.3 Bewegungsanteile bei Beugung einer 6 – Loch – Gelenkkupplung und innerem Umfangs- und Axialkraftsummenausgleich (vgl. Lit.1, S. 85, Abb. 64)

Abtriebswellenrichtung. Die Ψ – Achse wandert im Umlauf also parallel zur y – Achse auf der z – Achse um den Wert δ_z $(\Omega_1 t)$ hin und her.

Der Winkel γ bezeichnet in diesem Modell die Teilung des Lochkreises. Bei 6 – Loch – Gelenkkupplung ist $\gamma = \pi/3$ bzw. 60° und der Winkel $\varepsilon = \pi/6$ bzw. 30°, welcher die Befestigungsposition des Antriebswellen-Dreiarm-Flansches zum Zeitpunkt $t=0$ relativ zur x-z-Ebene in Umfangsrichtung festlegt.

3.3 Berechnung der relativen Dehnungen der Kraftübertragerfedern (KüF) im 3D – Kinematikmodell

Mit obigen Informationen können die Koordinaten der Befestigungspunkte ermittelt und die Dehnung/Stauchung der Kraftübertragerfedern für jeden Zeitpunkt im Umlauf bestimmt werden.

Entsprechend Abb. 3.2 liegt hier zunächst noch kein Axialversatz der Schubschlingenhälften vor ($d=0$).

$$\text{Definiert man mit } \vec{u}_{IJ}(t) \equiv \vec{u}_{IJ} = \vec{J}(t) - \vec{I}(t) \tag{3.1}$$

die Verschiebung vom Anbindungspunkt $\vec{I}(t) \equiv \vec{I}$ zum (benachbarten) Befestigungspunkt $\vec{J}(t) \equiv \vec{J}$, so findet man die Längung der Feder zwischen $\vec{I}$ und $\vec{J}$ zu:

$$\Delta l_{IJ}(t) \equiv \Delta l_{IJ} = |\vec{u}_{IJ}| - L_0 = \left(u_{IJ,x}^2 + u_{IJ,y}^2 + u_{IJ,z}^2\right)^{0,5} - L_0 \tag{3.2}$$

Mit $L_0 \equiv R_{LK}$ und $\left|\vec{u}_{IJ}\right| / R_{LK} = I_{I,J}$ folgt für die relative Dehnung der Federelemente:

$$\delta l_{IJ}(t) = \left(l_{IJ,x}^2 + l_{IJ,y}^2 + l_{IJ,z}^2\right)^{0,5} - 1. \tag{3.3}$$

Hier ist die KüF mit der Bezeichnung I (vgl. Abb. 3.3a) zwischen den Befestigungspunkten A und B eine Schubstrecke und KüF II zwischen A und F eine Zugstrecke.

Diese Federkombination tritt am Umfang dreimal auf (vgl. Tab. 3.1).

Konstruktionsbedingt sind die Schubschlingenhälften (vgl. Abb. 2.2 und 2.4) um den Abstand $\pm d = \Delta z_S / R_{LK}$ axial aus der Befestigungsebene der Zugschlingen verschoben befestigt. Damit ergeben sich neue Koordinaten der Befestigungspunkte der Schubschlingenhälften und somit geänderte Dehnungen und Kräfte an deren Befestigungen.

Tab. 3.1 Koordinaten der Befestigungspunkte A – F der 6 – Loch – Gelenkkupplung ($d=0$); mit den Abkürzungen: $\alpha_1 = \Omega_1 t + \vartheta$; $\alpha_2 = \pi/6 - \alpha_1$; $\alpha_3 = \pi/3 - \alpha_1$

i	x_i	y_i	z_i
A	$-\sin\alpha_1 \cos\beta$	$\cos\alpha_1$	$-\sin\alpha_1 \sin\beta + \delta_z$
B	$\cos\alpha_1$	$\sin\alpha_1$	0
C	$\cos\alpha_2 \cos\beta$	$-\sin\alpha_2$	$\cos\alpha_2 \sin\beta + \delta_z$
D	$\sin(\Omega_1 t)$	$-\cos(\Omega_1 t)$	0
E	$-\sin\alpha_3 \cos\beta$	$-\cos\alpha_3$	$-\sin\alpha_3 \sin\beta + \delta_z$
F	$-\cos(\pi/6 - \Omega_1 t)$	$\sin(\pi/6 - \Omega_1 t)$	0

Tab. 3.2 Koordinaten der Befestigungspunkte der Schubfederhälften I_1 und I_2

i	x_i	y_i	z_i
A_1	$-\sin\alpha_I \cos\beta - d \sin\beta$	$\cos\alpha_I$	$-\sin\alpha_I \sin\beta + \delta_z + d \cos\beta$
A_2	$-\sin\alpha_I \cos\beta + d \sin\beta$	$\cos\alpha_I$	$-\sin\alpha_I \sin\beta + \delta_z - d \cos\beta$
B_1	$\cos(\pi/6 - \Omega_1 t)$	$\sin(\pi/6 - \Omega_1 t)$	$+d$
B_2	$\cos(\pi/6 - \Omega_1 t)$	$\sin(\pi/6 - \Omega_1 t)$	$-d$

Das ebene Kinematikmodell (vgl. Abb. 3.2 und 3.3) geht damit in ein 3D – Modell über.

So lauten z. B. die Koordinaten der Schubfederbefestigungen auf den Befestigungsachsen durch die Punkte A und B, die analog auch für die zwei übrigen Schubfederpaare in Gl. (3.3a) einzufügen sind (Tab. 3.2).

Abb. 3.4 zeigt den Verlauf der relativen Federdehnungen für $\beta = 3°$, wenn $\delta_z = \vartheta = 0$ gilt, also eine axiale und torsionale Bewegung zum inneren Kraftausgleich der KüF unterbunden ist.

Die Zugfedern werden wegen ihrer in axialer Erstreckung der Kupplung zentralen Lage und ihrer höheren Steifigkeit deutlich weniger gedehnt, als die Schubfedern.

Die Zugfederdehnung schwankt mit doppelter Drehfrequenz um einen im positiven Dehnungsbereich liegenden Mittelwert mit einer Amplitude von ca. 0,1 %.

Im Umlauf erreicht Punkt C nach 120° den Ort, an welchem sich zu Beginn der Drehung Punkt A befand und Punkt E erreicht diesen Ort nach weiteren 120°. Dies bedeutet, dass die Deformation der Zugfedern II, VI und IV gegeneinander 120° phasenverschoben, aber ansonsten identisch verläuft.

Im Unterschied zum Verlauf der Zugfederdehnung wiederholt sich die Deformation der Schubfedern pro Umlauf nicht und die Zugintervalle dauern länger als die halbe Umlaufperiode. Die Amplitude der Druckphase der Schubfedern beträgt etwas weniger als 1 % der Ausgangslänge L_0 und ist geringfügig höher als diejenige der Zugphase. Analog zur Zugfederdehnung beträgt auch bei der Dehnung/Stauchung der in gleicher axialer Ebene angeordneten Schubfederhälften die Phasenverschiebung 120° (vgl. Abb. 3.4).

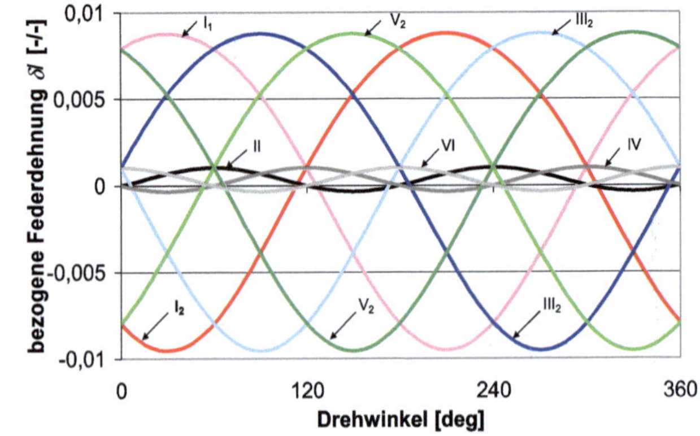

Abb. 3.4 Verlauf von δl als Funktion des Drehwinkels bei $\beta = 3°(d{=}0175;\ \delta_z = \vartheta = 0)$

3.4 Bestimmung der Komponenten der Kräfte und Rückstellmomente bei gelenkiger KüF – Befestigung

Im ebenen und auch im 3D – Kinematikmodell wird von einer widerstandsfrei arbeitenden, kugelgelenkigen Lagerung der KüF ausgegangen, welche keinen Raumbedarf hat und lediglich Zug- und Druckkräfte an den Befestigungspunkten überträgt.

Zur Ermittlung des Ausgleichsweges δ_Z und des Ausgleichswinkels ϑ müssen die Axialkraft- sowie die Umfangskraftsummen bestimmt werden.

Die Steifigkeiten der KüF werden in den folgenden Berechnungen für jeden Zeitschritt mithilfe einer entsprechenden Logikfunktion berücksichtigt, welche in Abhängigkeit von der spezifischen Dehnung bzw. Stauchung δl_{IJ} der KüF, z. B. unter Drehmomentbelastung der Kupplung, die jeweiligen Steifigkeitswerte berechnet bzw. auswählt. Hierbei erfolgt die Steifigkeitsänderung von der Stelle $\delta l_{IJ}=-e/2$ bis $+e/2$ linear mit δl_{IJ}, sodass der Betrag der Kraft $F(\delta l_{IJ})$ in einer KüF im Übergangsbereich in quadratischer Abhängigkeit mit δl_{IJ} wächst.

Z. B. für die Zugfeder II zwischen A und F errechnet man im o. a. Dehnungsbereich:

$$f(\delta l_{AF}) = F(\delta l_{AF})/\left(C_{ZZ}R_{LK}\right) = (e/2)\left[(1+b_z)(\delta l_{AF}/e) + \left(1-b_Z)(\delta l_{AF}/e)^2\right)\right]. \quad (3.4)$$

$$\text{Oberhalb davon gilt}: f(\delta l_{AF}) = \delta l_{AF} - e(1-b_z)/8 \quad \text{für } \delta l_{AF} \geq e/2 \quad (3.4a)$$

$$\text{und unterhalb ist}: f(\delta l_{AF}) = \delta l_{AF} - e(1-b_z)/8 \quad \text{für } \delta l_{AF} \geq -e/2 \quad (3.4b)$$

Für diese Zug – KüF lautet im Bereich $-e/2T \leq \delta l_{AF} \leq e/2$ die Steifigkeitsfunktion

$$c(\delta l_{AF}) = C(\delta l_{AF})/C_{ZZ} = (1+b_Z)/2 + (1-b_Z)\delta l_{AF}/e \quad (3.5)$$

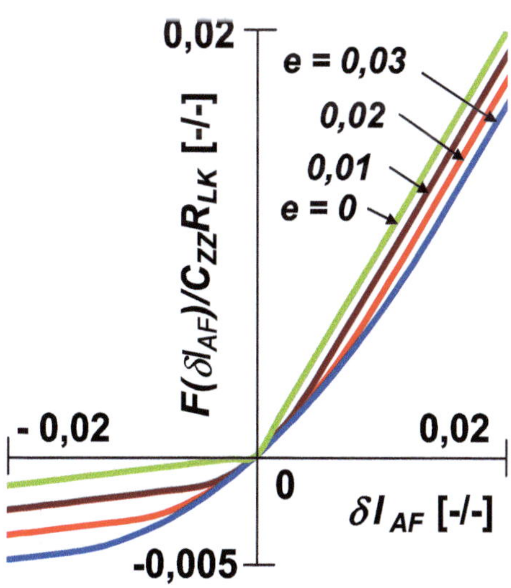

Abb. 3.5 Kraftverlauf im Übergangsbereich der Zug – KüF II als Funktion der relativen Dehnung δ_{AF} für verschiedene Werte von *e*. *e* wird aus den Messungen gemäß Abb. 3.1 bestimmt.

Abb. 3.5 zeigt deutlich den Einfluss der Erstreckung von e auf den Verlauf der reduzierten Zug- Druck- Kraft in der Umgebung des Nullpunktes.

Oberhalb und unterhalb des Übergangsbereiches verläuft die reduzierte Kraft in der KüF um den Betrag $e(1-b_Z)/8$ niedriger als für den Fall $e=0$.

Für die Schub – KüF gilt entsprechendes.

Aus Gründen der Vergleichbarkeit werden die Kräfte sowie deren Komponenten im Folgenden auf die maximal im Umlauf auftretende Kraft $F_{IJ}{}^{\rightarrow}{}_{,max}$ in den Zugfedern (II, IV oder VI) unter Zugbelastung für $\delta_z=\vartheta=e=0$ bei dem jeweils herrschenden Beugewinkel bezogen (vgl. Abb. 3.3a)

$$IF_{AF,\max}^{\rightarrow}I = F_{II,\max} = C_{ZZ}R_{LK}\delta l_{AF,\max}. \tag{3.6}$$

$\delta l_{AF,\max}$ (δ_z, ϑ, $e=0$) kann mit Nullsetzung der 1. Ableitung von Gl. (3.3a) nach dem Drehwinkel t gewonnen werden und ist lediglich vom Beugewinkel abhängig:

$$\delta l_{AF,\max}(\delta_z;\,\vartheta;\,e=0) = \left[5 - 3\cos\beta/2\right]^{0,5} - 1. \tag{3.7}$$

Für die bezogene Kraft in KüF II $f_{\mathrm{II}}=IF_{AF}^{\rightarrow}I/F_{\mathrm{II,\,max}}$ gilt im Übergangsbereich:

$$f_{\mathrm{II}}(-e/2 \geq \delta l_{AF} \leq e/2) = (e/2)\left[(1+b_Z)(\delta l_{AF}/e) + (1-b_z)(\delta l_{AF}/e)^2\right]/\,\delta l_{AF,\max}, \tag{3.8}$$

$$\text{im Bereich } \delta l_{AF} > e/2 \text{ ist } f_{\mathrm{II}}(\delta l_{AF} > e/2) = \left[\delta l_{AF} - e(1-b_z)/8\right]/\,\delta l_{AF,\max} \tag{3.8a}$$

$$\text{sowie für } \delta l_{AF} < -e/2 \text{ gilt } f_{II}(\delta l_{AF} < -e/2) = \left[b_z\delta l_{AF} - e(1-b_z)/8\right]/\,\delta l_{AF,\max} \tag{3.8b}$$

Zur Berechnung der Komponenten von f_{II} gilt:

$$f_{II} = +/-\left(F_{AF,z}/F_{II,\max}\right)\left[1 + \left(F_{AF,x}/F_{AF,z}\right)^2 + \left(F_{AF,y}/F_{AF,z}\right)^2\right]^{0,5} \tag{3.9}$$

$$\text{Gleichung (3) lautet umgeformt}: \delta l_{IJ} + 1 = +/- l_{IJ,z}\left[1 + \left(l_{IJ,x}/l_{IJ,z}\right)^2 + \left(l_{IJ,y}/l_{IJ,z}\right)^2\right]^{0,5}. \tag{3.3a}$$

Da die Kraftkomponenten zu den Verschiebungen proportional sind, kann der dimensionslose Ausdruck unter der Wurzel in Gl. (3.9) durch den entsprechenden Ausdruck in (3a) ersetzt werden.

$$f_{II} = +/-\left(F_{AF,z}/F_{II,\max}\right)\left[1 + \left(l_{AF,x}/l_{AF,z}\right)^2 + \left(l_{AF,y}/l_{AF,z}\right)^2\right]^{0,5} \tag{3.9a}$$

$$\text{und mit (3a) folgt}: \quad f_{II} = +/-\left(F_{AF,z}/F_{II,\max}\right)(\delta l_{AF} + 1)/\,l_{AF,z}. \tag{3.9b}$$

Die am Befestigungspunkt A angreifende, reduzierte Axialkomponente $f_{AII,z}$ der KüFII erhält man durch Umformung von (Gl. 3.9b):

$$f_{AII,z} = F_{AF,z} / F_{II,\max} = +/-f_{II} l_{AF,z} / (\delta l_{AF} + 1). \tag{3.10}$$

Im Übergangsbereich $-e/2 \geq \delta l_{AF} \leq e/2$ folgt mit Gl. (3.8):

$$f_{AII,z} = +/ - l_{Af,z} e\left[(1 + b_z)(\delta l_{AF} / e) + (1 + b_z)\left(\delta l_{AF} / e\right)^2\right)\Big] \Big/ \left[2\delta l_{AF,\max}(\delta l_{AF} + 1)\right], \tag{3.11}$$

im reinen Zugbereich $\delta l_{AF} > e/2$ gilt mit Gl. (3.8a):

$$f_{AII,z} = +/ - l_{AF,z}\left[\delta l_{AF} - e(1 - b_z)/8\right] / \left[\delta l_{AF,\max}(\delta l + 1)\right] \tag{3.11a}$$

und im reinen Druckbereich $\delta l_{AF} < -e/2$ errechnet man mit (Gl. 3.8b):

$$f_{AII,z} = +/ - l_{AF,z}[b_Z \delta l_{AF} - e(1 - b_Z)/8] / \left[\delta l_{AF,\max}(\delta l_{AF} + 1)\right]. \tag{3.11b}$$

Das Vorzeichen dieser Kraftkomponente wird durch die Vorzeichen von $l_{AF,\,z}$ und δl_{AF} bestimmt. Ist z. B. δl_{AF} positiv, so liegt eine Zugkraft am Punkt A vor und bei negativem Wert der Verschiebung $l_{AF,\,z}$ wird $f_{AII,\,z}$ positiv.

Entsprechende Zusammenhänge erhält man für die Federn IV und VI. Die bezogene Axialkraft der Schubfedern errechnet sich analog. Allerdings ist hier die hälftige Teilung der Schub- KüF und deren Axialversatz d zu berücksichtigen.

Für die KüF- Hälfte I_1 zwischen den Befestigungen A_1 u. B_1 gilt im Übergangsbereich:

$$f_{AI1,z} = +/ - l_{AB1,z}(a/2)(e/2)\left[(1 + b_S)\delta l_{AB1} / e + (1-b_S)\left(\delta l_{AB1} / e\right)^2\right] \Big/ \left[\delta l_{AF,\max}(dl_{AB1} + 1)\right], \tag{3.12}$$

$$\text{für } \delta l_{AB1} > e/2 : f_{AI1,z} = +/ - l_{AB1,z}(a/2)\left[\delta l_{AB1} - e(1 - b_S)/8\right] / \left[\delta l_{AF,\max}(\delta l_{AB1} + 1)\right] \text{ und} \tag{3.12a}$$

$$\text{für } \delta l_{AB1} < -e/2 : f_{AI1,z} = +/ - l_{AB1,z}(a/2)\left[b_S \delta l_{AB1} - e(1 - b_S)/8\right] / \left[\delta l_{AF,\max}(\delta l_{AB1} + 1)\right]. \tag{3.12b}$$

Das Vorzeichen dieser Kraftkombponenten ergibt sich analog zur Komponente $f_{AII,\,z}$ aus den Vorzeichen von $l_{AB1,\,z}$ und δl_{AB1}.

Für die zweite Hälfte der Schubfeder zwischen A_2 und B_2 sowie für die Schubfederpaare III_1, III_2 und V_1, V_2 errechnet man die reduzierte Axialkraft entsprechend.

Die x – und y – Komponenten der Kräfte können aus (11–11b) und (12 – 12b) durch Änderung der Indizes angegeben werden, da der Zusammenhang im Übrigen bestehen bleibt (vgl. Gl. 3.8–3.8b). So folgt z. B. $f_{AII,x}$ im Übergangsbereich:

$$f_{AII,x} = +/ - l_{AF,x}(e/2)\left[(1 + b_Z)\left(\delta l_{AF} / e\right) + (1-b_Z)\left(\delta l_{AF} / e\right)^2\right] \Big/ \left[\delta l_{AF,\max}(\delta l_{AF} + 1)\right], \tag{3.13}$$

$$\text{für } \delta l_{AF} > e/2 : f_{AII,x} = +/ - l_{AF,x}\left[\delta l_{AF} - e(1 - b_Z)/8\right] / \left[\delta l_{AF,\max}(\delta l_{AF} + 1)\right] \text{ und} \tag{3.13a}$$

$$\text{für } \delta l_{AF} < -e/2 : f_{AII,x} = +/- \, l_{AF,x}\left[b_Z \delta l_{AF} - e(1-b_Z)/8\right] / \left[\delta l_{AF,\max}(\delta l_{AF}+1)\right]. \tag{3.13b}$$

Für die dimensionsbehafteten Kräfte gilt mit (6) und (7) zum Beispiel für die x – Komponente der Kraft aus der KüF Nr.II am Befestigungspunkt A:

$$F_{AII,x} = f_{AII,x} C_{ZZ} R_{LK} \delta l_{AF,\max}[N] \tag{3.13c}$$

Aus den oben berechneten Kraftkomponenten können nun auch die Federkräfte in Umfangsrichtung sowie in radialer Richtung berechnet werden.

Da hier der Antrieb als mit konstanter Winkelgeschwindigkeit Ω_1 drehend angenommen wird, kann der unbekannte Ausgleichswinkel ϑ, d. h. eine Drehungleichförmigkeit, nur am Abtrieb auftreten.

Für das Momentengleichgewicht um die ζ – Achse muss daher nach Überstreichen des Winkels ϑ und nach Auslenkung um δ_z die Summe der Umfangskräfte zu Null werden.

Die Umrechnung der reduzierten Kraftkomponenten einer KüF aus dem x – y – z – in das ξ – ψ – ζ – Koordinatensystem erfolgt gemäß den Gleichungen:

$$f_\psi \equiv f_y;\; f_\xi = f_x \cos\beta + f_z \sin\beta;\, f_\xi = f_z \cos\beta - f_x \sin\beta. \tag{3.14–16}$$

Diese, in der ξ – ψ – Ebene liegenden Kraftkomponenten ergeben, jeweils mit ihrem senkrechten Abstand zur entsprechenden Koordinate multipliziert, einen Drehmomentanteil um die ζ – Achse, aus welchem nach Division durch den Befestigungsradius R_{LK} die Umfangkraftkomponente folgt.

Die im Gegenuhrzeigersinn positiv gewerteten Umfangskräfte addieren sich dann zur folgenden Umfangskraftsumme, welche nach dem Ausgleichsvorgang zu Null wird:

$$\begin{aligned}
&\underbrace{\left[-(f_{AI1,x}+f_{AI2,x}+f_{AII,x})\cos\beta-(f_{AI1,z}+f_{AI2,z}+f_{AII,z})\sin\beta\right]\cos\alpha_1-(f_{AI1,y}+f_{AI2,y}+f_{AII,y})\sin\alpha_1}_{\text{Summe der Umfangskräfte in Punkt A}}\\
&+\\
&\underbrace{\left[(f_{CV1,x}+f_{CV2,x}+f_{CVI,x})\cos\beta+(f_{CV1,z}+f_{CV2,z}+f_{CVI,z})\sin\beta\right]\sin\alpha_2+(f_{CV1,y}+f_{CV2,y}+f_{CVI,y})\cos\alpha_2}_{\text{Summe der Umfangskräfte in Punkt C}}\\
&+\\
&\underbrace{\left[(f_{EIII1,x}+f_{EIII2,x}+f_{EIV,x})\cos\beta+(f_{EIII1,z}+f_{EIII2,z}+f_{EIV,z})\sin\beta\right]\cos\alpha_3-(f_{EIII1,y}+f_{EIII2,y}+f_{EIV,y})\sin\alpha_3}_{\text{Summe der Umfangskräfte in Punkt E}}\\
&=0
\end{aligned} \tag{3.17}$$

mit den aus Tabelle I genannten Abkürzungen für α_1, α_2 und α_3.

In Gl. (3.17) sind sowohl der Ausgleichswinkel ϑ, als auch der reduzierte axiale Ausgleichsweg δ_z unbekannt, sodass diese Größen iterativ für jeden Drehwinkelschritt bestimmt werden müssen.

Die Vorgehensweise, zunächst δ_z für $\vartheta = 0$ zu berechnen und mit diesem Wert für δ_z dann ϑ zu suchen, konvergiert bereits nach wenigen Schritten mit ausreichender Genauigkeit. Für den jeweils folgenden Drehwinkelschritt kann mit dem Wert für ϑ aus dem vorherigen Schritt bei der Ermittlung von δ_z begonnen werden.

$$\vartheta = \vartheta\left(\Omega_1 t;\ \beta;\ a;\ b_{Z,s};\ d;\ e\right) \text{ und } \delta_z = \delta_z\left(\Omega_1 t;\ \beta;\ a;\ b_{Z,s};\ d;\ e\right) \qquad (3.18; 3.19)$$

Am Ende der Antriebswelle, am Zentrierzapfen (vgl. Abb. 2.2), wirkt die resultierende Radialkraft, die nach Erfüllung von Gl. (3.17) nach Gl. (3.20) zu berechnen ist:

$$f_{R,gel.}(\Sigma f_{Ui} = 0) = \left[(\Sigma f)^2 + (\Sigma f)^2\right]^{0,5}. \qquad (3.20)$$

Die dimensionlosen Rückstellmomentkomponenten, welche sich nach Beugung des Abtriebs um β um die ξ – und ψ – Achse des Abtriebs nach Ausgleich der Axial- und Umfangskräfte einstellen, können bei gelenkiger KüF – Befestigung wie folgt berechnet werden:

$$\begin{aligned} m_{\text{gel.}\xi} &= m_{A,\xi} + m_{C,\xi} + m_{E,\xi} \\ &= \left[\left(f_{AI1,z} + f_{AI2,z} + f_{AII,z}\right)\cos\beta - \left(f_{AI1,x} + f_{AI2,x} + f_{AII,x}\right)\sin\beta)\right]\cos\alpha_1 - d(f_{AI1,y} - f_{AI2,y}) \\ &\quad - \left[\left(f_{CV1,z} + f_{CV2,z} + f_{CVI,z}\right)\cos\beta - \left(f_{CV1,x} + f_{CV2,x} + f_{CVI,x}\right)\sin\beta)\right]\sin\alpha_2 - d\left(f_{CV1,y} - f_{CV2,y}\right) \\ &\quad - \left[\left(f_{EIII1,z} + f_{EIII2,z} + f_{EIV,z}\right)\cos\beta - \left(f_{EIII1,x} + f_{EIII2,x} + f_{EIV,x}\right)\sin\beta)\right]\cos\alpha_3 - d\left(f_{EIII1,y} - f_{EIII2,y}\right) \end{aligned} \qquad (3.21)$$

$$\begin{aligned} m_{\text{gel.}\psi} &- m_{A,\psi} + m_{C,\psi} + m_{E,\psi} \\ &= \left[\left(f_{AI1,z} + f_{AI2,z} + f_{AII,z}\right)\cos\beta - \left(f_{AI1,x} + f_{AI2,x} + f_{AII,x}\right)\sin\beta)\right]\sin\alpha_1 \\ &\quad + d\left[\left(f_{AI1,x} - f_{AI2,x}\right)\cos\beta + \left(f_{AI1,z} - f_{AI2,z}\right)\sin\beta\right] \\ &\quad - \left[\left(f_{CV1,z} + f_{CV2,z} + f_{CVI,z}\right)\cos\beta - \left(f_{CV1,x} + f_{CV2,x} + f_{CVI,x}\right)\sin\beta)\right]\cos\alpha_2 \\ &\quad + d\left[\left(f_{CV1,x} - f_{CV2,x}\right)\cos\beta + \left(f_{CV1,z} - f_{CV2,z}\right)\sin\beta\right] \\ &\quad + \left[(f_{EIII1,z} + f_{EIII2,z} + f_{EIV,z})\cos\beta - (f_{EIII1,x} + f_{EIII2,x} + f_{EIV,x})\sin\beta)\right]\sin\alpha_3 \\ &\quad + d\left[(f_{EIII1,x} - f_{EIII2,x})\cos\beta + (f_{EIII1,z} - f_{EIII2,z})\sin\beta\right] \end{aligned} \qquad (3.22)$$

Die dimensionsbehafteten Momente werden aus den dimensionslosen Größen durch Multiplikation mit den Bezugsgrößen bestimmt:

$$M_{\text{gel.}i} = m_{\text{gel.}i} C_{ZZ} R_{LK}^2 \delta l_{AF,\max}\ [\text{Nm}] \qquad (3.23)$$

3.5 Ermittlung dieser Kraft- und Rückstellmomentkomponenten bei elastischer KüF – Anbindung

Mit der gelenkigen Lagerung der KüF sind lediglich Zug- und Druckkräfte an den Befestigungspunkten übertragbar.

In den Anwendungen erfolgt die Befestigung der Elastomerhülle der Schlingenpakete der KüF allerdings durch chemisch-physikalische Bindung an den axialen Führungsscheiben (Bundbuchsen), wie in Abb. 2.4 dargestellt und die Kordschlingen sind zwischen diesen Scheiben axial eingespannt und um die Rohrbuchsen an den Befestigungspunkten geschlungen.

Durch diese elastische Befestigung der KüF können auch Torsions- und Biegemomente übertragen sowie Schubkräfte eingeleitet werden, welche noch zu bestimmen und den unter 3.4 ermittelten Gl. (3.8 ff.) anzufügen sind.

Bei Beugung der Kupplung bleiben die Befestigungspunkte A, C und E in der $\xi - \zeta$ – Ebene, welche sich um den Beugewinkel β um die ψ – Achse neigt (vgl. Abb. 3.5c und 5d).

Hierbei stellt sich bei elastischer KüF – Befestigung als Wirkung des inneren Umfangs- und Axialkraftausgleiches eine Bewegung δ_z $(\Omega_l t;\beta)$ und ϑ $(\Omega_l t;\beta)$ ein, welche sich wegen der Kräfte und Momente aus den zusätzlichen Verformungen der KüF von derjenigen bei gelenkiger Befestigung unterscheidet.

Die Verformung, z. B. der Zugfeder II zwischen A und F, kann man unter Beachtung der Ausbildung von δ_z und ϑ während der Verformung aus folgenden Teilen zusammensetzen:

a) **Schubauslenkung** des Befestigungspunktes A parallel zur z – Achse um den Wert $z_A(\Omega_1 t;\beta;\vartheta;\delta_z)$ mit der hierbei auftretenden, reduzierten Rückstellkraft:

$$f_{AII,\mathrm{Schub},z} = -z_A\left(C_{\mathrm{Schub},z}/C_{ZZ}\right)/\delta l_{AF,\max} = -z_A b_{1Z}/\delta l_{AF,\max}. \qquad (3.24)$$

Hieraus folgen die dimensionslosen Rückstellmomentkomponenten:

$$m_{AII,\mathrm{Schub},x} = f_{AII,\mathrm{Schub},z}\, y_A \text{ und } m_{AII,\mathrm{Schub},y} = -f_{AII,\mathrm{Schub},z} x_A. \qquad (3.25; 3.26)$$

b) **Torsion** um die jeweilige Federachse (Verbindungslinie zwischen den Punkten A und F) um den Winkel γ_{II} (vgl. Abb. 3.6):

$$\gamma_{II} = \beta \cos\delta_1 \cos\delta_2 \qquad (3.27)$$

Mit den Beziehungen für: $\cos\delta_1 = +/-(y_A-y_F)\Big/\left[(y_A-y_F)^2+(x_A-x_F)^2\right]^{1/2}$ (3.28)

$$\text{und } \cos\delta_2 = +/-(y_A-y_F)/\left[(y_A-y_F)^2+z_A^2\right]^{1/2}, \qquad (3.29)$$

wobei das negative Vorzeichen in den Gl. 3.28 und 3.29 für den Drehwinkelbereich $\pi/3 \leq \Omega_l t \leq 4\pi/3$ und das positive für den Rest eines Umlaufes gilt.
Der Betrag des durch Küf II am Anbindungspunkt A bewirkte, reduzierte Torsionsmoment lautet:

$$\mathrm{Im}_{AII,\mathrm{Tors.}}^{\rightarrow} I = \gamma_{II}\left[C_{\mathrm{Tors.}z}/\left(C_{ZZ}R_{LK}^2\right)\right]/\delta l_{AF,\max} = \gamma_{II} b_{2Z}/\delta l_{AF,\max}. \qquad (3.30)$$

Die Komponenten von $m\rightarrow_{AII,\mathrm{Tors.}}$ können wie folgt errechnet werden:

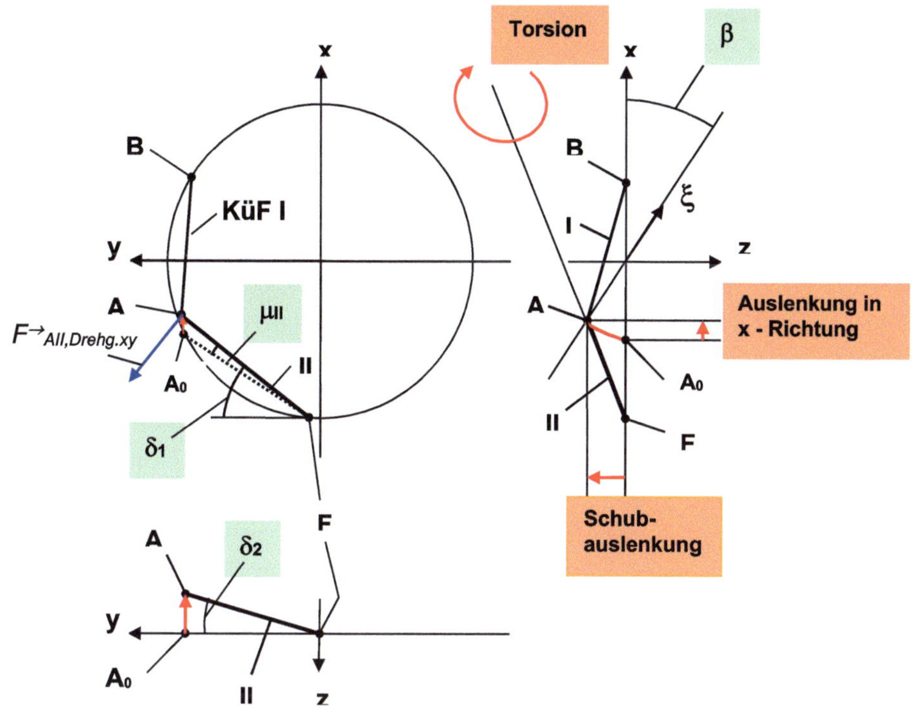

Abb. 3.6 Verformungsskizze KüF II

$$m_{AII,\text{Tors.},x} = \text{Im}^{\rightarrow}_{AII,\text{Tors.}} I\ \tan\delta_1 / [\cdot]^{1/2} \text{ mit } [\cdot]^{1/2} = \left[1 + \tan^2\delta_1 + \tan^2\delta_2\right]^{1/2}, \quad (3.30a)$$

$$m_{AII,\text{Tors.},y} = I\ m^{\rightarrow}_{AII,\text{Tors.}} I / []^{1/2} \text{ und } m_{AII,\text{Tors.},z} = I\ m^{\rightarrow}_{AII,\text{Tors.}} I\ \tan\delta_2 / []^{1/2}. \quad (3.30b; c)$$

Aus $m_{AII,\text{Tors.},\,z}$ erhält man einen Umfangskraftanteil, welcher jedoch gegenüber der aus der gelenkigen Befestigung folgenden Umfangskraft vernachlässigbar ist. Das Verhältnis der am Punkt A durch KüF II auftretenden Umfangskraftamplituden aus Torsion und aus der Federlängung beträgt im vorliegenden Anwendungsfall lediglich ca. 0,01. Die in der x – y – Ebene liegende Komponente von $m\rightarrow_{AII,\text{Tors.}}$

$$m_{AII,\text{Tors.},xy} = +/-\left[m^2_{AII,\text{Tors.},x} + m^2_{AII,\text{Tors.},y}\right]^{1/2}, \quad (3.30d)$$

dividiert durch ihren senkrechten Abstand λ_{II} vom Koordinatenursprung

$$\lambda_{II} = I\ y_F\ \sin\delta_I + / - \left(1 + y_F^2\right)^{1/2} \cos\delta_I I \approx (1/2)\sqrt{3}, \quad (3.31)$$

ergibt sich die aus KüF II im Punkt A parallel zur z – Achse angreifende Komponente der Rückstellkraft:

$$f_{AII,\mathrm{Tors.},z} = -\mathrm{Im}_{AII,\mathrm{Tors.},xy}I / \lambda_{II}. \tag{3.32}$$

c) **Auslenkung von A in x – Richtung** um den Betrag $\delta x_A(\Omega_l t;\ \beta) = Ix_A(\Omega_l t;\ 0) - x_A(\Omega_l t; \beta)I$

Hierbei tritt eine Verdrehung der KüF II um die parallel zur z – Koordinate durch den Einspannungspunkt F verlaufende Achse sowie eine Zugverformung auf, wobei die Wirkung der Zugdeformation bereits in der gelenkigen Lösung enthalten ist.

Der Winkel μ_{II} in Abb. 3.6 lässt sich wie folgt berechnen:

$$\cos \mu_{II} = \left[1 + \left(1 + \delta l_{IIxy} - (x_A - x_{A0})^2\right)\right] / \left[2\left(1 + \delta l_{IIxy}\right)\right] \tag{3.33}$$

μ_{II} wird mithilfe des allgemeinen pythagoreischen Lehrsatzes aus dem schiefwinkligen Dreieck A_0 – A – F berechnet. Die Koordinaten des Punktes A sind eine Funktion von ϑ und β (vgl. Tab. 3.1). Somit enthält die in der x – y – Ebene wirkende Verdrehkraft $IF_{\vec{AII},\mathrm{Drehg.}xy}$ ebenfalls diese Abhängigkeit (vgl. Abb. 3.6). Der Betrag der red. Kraft $f_{AII,\mathrm{Drehg.}xy} = IF_{\vec{AII},\mathrm{Drehg.}xy}I \Big/ (C_{ZZ}R_{LK}\delta l)$ lautet:

$$f_{AII,\mathrm{Drehg.}xy} = \mu_{II} b_{3Z} / \left[\left(1 + \delta l_{IIxy}\right)\delta l_{AF,\max}\right]. \tag{3.34}$$

Die Umfangs – sowie Radialkomponente errechnet sich zu:

$$\begin{aligned} f_{AIIU,\mathrm{Drehg.}xy} &= f_{AII,\mathrm{Drehg.}xy} \cos\left[\delta_1 + \Omega t\right] \text{ und} \\ f_{AIIR,\mathrm{Drehg.}xy} &= f_{AII,\mathrm{Drehg.}xy} \sin\left[\delta_1 + \Omega t\right]. \end{aligned} \tag{3.35; 3.36}$$

$f_{AIIU,\ \mathrm{Drehg.}\ xy}$ wirkt im Gegenuhrzeigersinn und $f_{AIIR,\ \mathrm{Drehg.}\ xy.}$ radial nach außen positiv.

Die Summe dieser Umfangskräfte über alle KüF ist vor dem inneren Kräfteausgleich unabhängig vom Drehwinkel, wie aus Abb. 3.7 zu entnehmen ist.

Die entsprechende Umfangskraftkomponente aus der Verformung von KüF I wirkt derjenigen von KüF II insbesondere im Drehwinkelbereich größerer Werte von μ_{II} und μ_I entgegen, sodass die am Punkt A hierdurch verbleibende resultierende Umfangskraft einen Mittelwert der beiden KüF – Umfangskräfte darstellt (vgl. Abb. 3.7), welcher, wie auch die Einzelkräfte, in 2. Ordnung zum Umlauf schwankt.

Die Summe der Umfangskräfte aus Verdrehung der KüF $\Sigma f_{U,\ \mathrm{Drehg.}\ xy}\ (\delta_z;\ \vartheta = 0)$ liegt im Vergleich zur Summe aller Umfangskraftanteile praktisch unabhängig vom Beugewinkel ($0° \leq \beta \leq 4{,}5°$) unter 1,7 %.

Der Einfluss dieser Verformungen der KüF auf die gesuchten Größen wird daher hier vernachlässigt.

Die am Punkt A wegen der Verdrehung der KüF I und II um die Befestigungspunkte B bzw. F angreifenden Radialkräfte addieren sich hingegen im überwiegenden Teil eines Umlaufes, wie Abb. 3.8 zeigt.

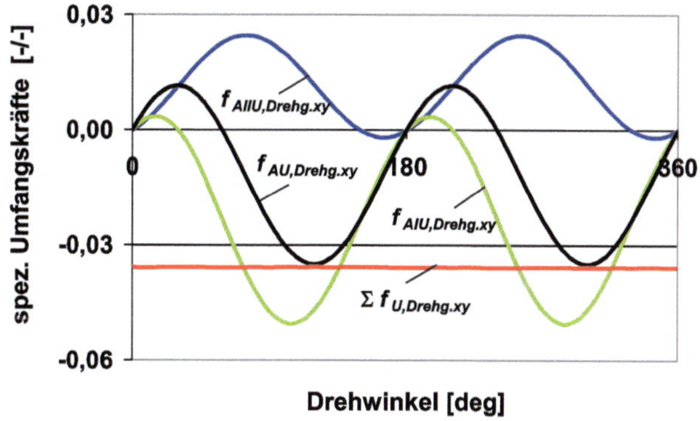

Abb. 3.7 Verlauf der Umfangskräfte aus der Verdrehung der KüF in der x,y – Ebene um die Befestigungspunkte in Folge β ($\beta = 3°$)

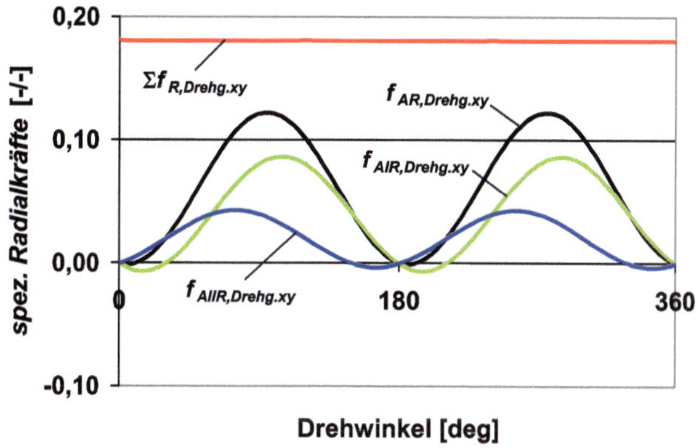

Abb. 3.8 Verlauf der Radialkräfte aus der Verdrehung der KüF in der x,y – Ebene um die Befestigungspunkte in Folge β ($\beta = 3°$)

Die Summe aller dieser Radialkräfte ist vor dem inneren Kraftausgleich der Kupplung ebenfalls ausgeglichen.

Diese Radialkraftsumme stellt einen wesentlichen Anteil an der insgesamt auftretenden, radialen Lagerkraft $\Sigma f_{R.}$ dar und ist daher bei ihrer Berechnung zu berücksichtigen (vgl. Gl. 3.20 und 3.36 sowie Abb. 3.11).

$$\sum f_R = \sum f_{R,\mathrm{gel.}} + \sum f_{R,\mathrm{Drehg}.xy} \tag{3.37}$$

Die x bzw. y – Komponente von $f_{\mathrm{AII,Drehg.}\,yx}$ multipliziert mit dem senkrechten.

Abstand des Befestigungspunktes A von der x-y-Ebene z_A, ergibt die Beträge der Rückstellmomentkomponenten $m_{\mathrm{AII,Drehg.}\,\xi}$ und $m_{\mathrm{AII,Drehg.}\psi}$.

Insgesamt beeinflussen diese, über alle KüF aufsummierten, Rückstellmomentkomponenten im hier relevanten Beugewinkelbereich ($\beta \leq 6°$) den Wert von m_ξ und m_ψ praktisch nicht.

Auf den Gesamtbetrag von m_ψ bezogen, beträgt $m_{\mathrm{Drehg.}\psi}$ im angegebenen Beugewinkelbereich weniger als 0,2 %.

Die jeweilige Ausprägung von δ_z ist mit den entsprechenden Koordinaten in Gl. (3.24 ff.) enthalten. Die Ausprägung des Ausgleichswinkels ϑ verursacht eine, wenn auch geringe, Verdrehung der KüF um die senkrecht zur x – y – Ebene durch die jeweiligen Befestigungspunkte B, D und F verlaufende Achsen, ähnlich wie die durch den Beugewinkel erzeugte Verdrehung aus 3.5.c.

Die nach obigen Gleichungen für KüF II berechneten reduzierten Kraftkomponenten und Rückstellmomente sowie die analog ermittelten Ergebnisse der sonstigen elastisch befestigten KüF werden zu den unter 3.4 berechneten Ergebnissen (8 ff) bei gelenkiger KüF – Lagerung hinzugefügt, sodass die gesuchten Größen ϑ und δ_z nun auch bei elastischer KüF – Befestigung berechnet werden können.

$$\vartheta = \vartheta\left(\Omega_l t;\ \beta;\ a;\ b_{iZ,S};\ \ d;\ e\right) \tag{3.18a}$$

$$\delta_z = \delta_z\left(\Omega_l t;\ \beta;\ a;\ b_{iZ,S};\ \ d;\ e\right)(i = 0, 1, 2, 3) \tag{3.19a}$$

Den Vergleich der Verläufe der z – Komponenten der Kräfte am Punkt A aus der.

Beanspruchung durch KüF II **nach** innerem Kraftausgleich (vgl. Abb. 3.3c + 3d) bei elastischer Anbindung zeigt Abb. 3.9 für $\beta = 3°$.

Offensichtlich wird die Rückstellkraft von der Schubauslenkung der KüF II bestimmt (ca. 81 %). Die Torsionsbeanspruchung steuert etwa einen Anteil von 15 % der gesamten Rückstellkraft bei und die Zug- Druck- Auslenkung der KüF liefert lediglich ca. 4 % (vgl. Abb. 3.9).

Entsprechendes gilt auch für die z – Komponenten der Kräfte aus KüF $I_{1,2}$ am Befestigungspunkt A und analog auch für die sonstigen KüF.

Für $\delta_z = \vartheta = 0$ sind in Summe die z – Komponenten aus der Schubdeformation und der KüF – Torsion ausgeglichen, sodass sie sich nicht auf die generelle Form der Verläufe

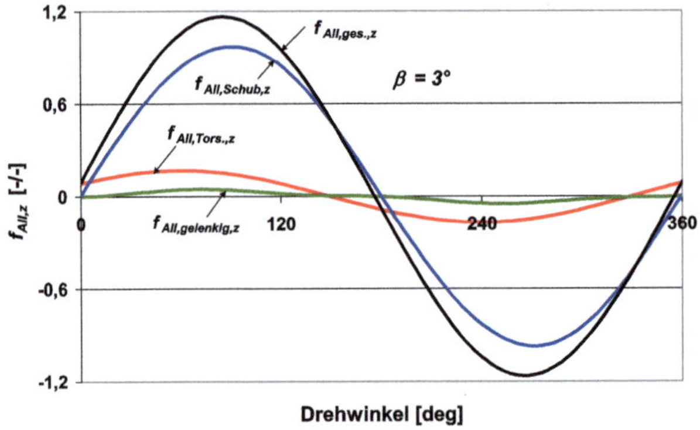

Abb. 3.9 Rückstellkraftverläufe aus KüF II bei schub- und torsionselastischer Befestigung am Punkt A **nach** innerem Kraftausgleich: $\boldsymbol{\beta = 3}°$ ($a = 0{,}9$; $b_Z = 0{,}07$; $b_S = 0{,}1$; $b_{1Z} = 0{,}02$; $b_{1S} = 0{,}03$; $b_{2Z} = 0{,}003$; $b_{2S} = 0{,}004$; $b_{3Z} = 0{,}04$; $b_{3S} = 0{,}08$; $d = 0{,}175$; $e = 0{,}02$)

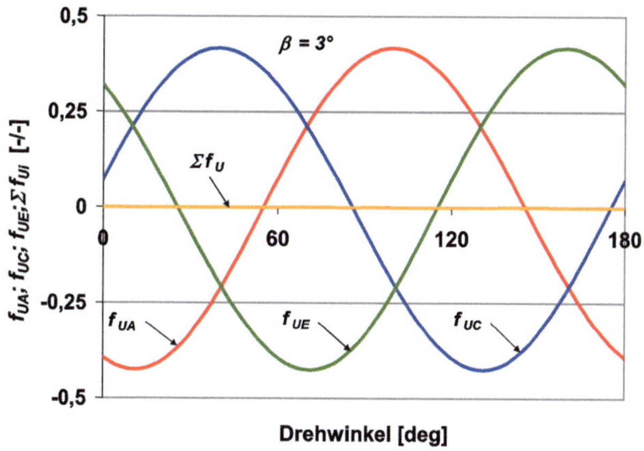

Abb. 3.10 Umfangskraftverlauf an den Befestigungspunkten A,C,E **nach** innerem Kraftausgleich ($\Sigma f_{Ui}=0$) bei elastischer KüF – Anbindung und $\boldsymbol{\beta = 3°}$. ($a=0{,}9$; $b_Z=0{,}07$; $b_S=0{,}1$; $b_{1Z}=0{,}02$; $b_{1S}=0{,}03$; $b_{2Z}=0{,}003$; $b_{2S}=0{,}004$; $b_{3Z}=0{,}04$; $b_{3S}=0{,}08$; $d=0{,}175$; $e=0{,}02$)

des Ausgleichswinkels und der Axialauslenkung auswirken, sondern lediglich ihre absolute Höhe mit beeinflussen.

Wie Abb. 3.10 verdeutlicht, erreicht Punkt C im Umlauf den Ausgangsort von Punkt A nach einem Drehwinkel von $\Omega_l t=120°$ und dann liegt dort auch der gleiche Wert der Umfangskraftteilsumme wie zuvor am Punkt A vor. Punkt E erreicht diesen Ort nach weiteren 120°.

Dies bedeutet, dass sich die in Gl. (3.17) enthaltenen Teilsummen der Umfangskräfte 120° drehwinkelversetzt entsprechen bzw. 120° zueinander in der Phasenlage verschoben verlaufen und es gilt:

$$\sum f_{UC}(\Omega_l t + (2/3)\pi) = \sum f_{UE}(W_l t + (1/3)\pi) = \sum f_{UA}(\Omega_l t). \tag{3.38}$$

3.6 Elastische und gelenkige KüF – Befestigung im Vergleich

Der Einfluss der elastischen KüF – Befestigung im Unterschied zur gelenkigen Lagerung auf die Verläufe von δ_z und ϑ bei $\beta=3°$ ist aus Abb. 3.11a und b zu entnehmen.

Die Axialauslenkung δ_z in Abb. 3.11 schwingt dreimal pro Umdrehung um die 0 – Linie, erfolgt also in dritter Ordnung zum Umlauf der Antriebswelle.

Die elastische Befestigung der KüF bewirkt offensichtlich eine starke Reduzierung der Axialauslenkung der abtriebseitigen Kupplungshälfte im Vergleich zur gelenkigen Befestigung.

Ursächlich hierfür ist der stärkere Kraftanstieg bei Axialauslenkung durch die Schub- und Torsionsverformung der KüF, welcher bereits bei kleineren Verformungswegen den inneren Kraftausgleich bewirkt (vgl. Abb. 3.9).

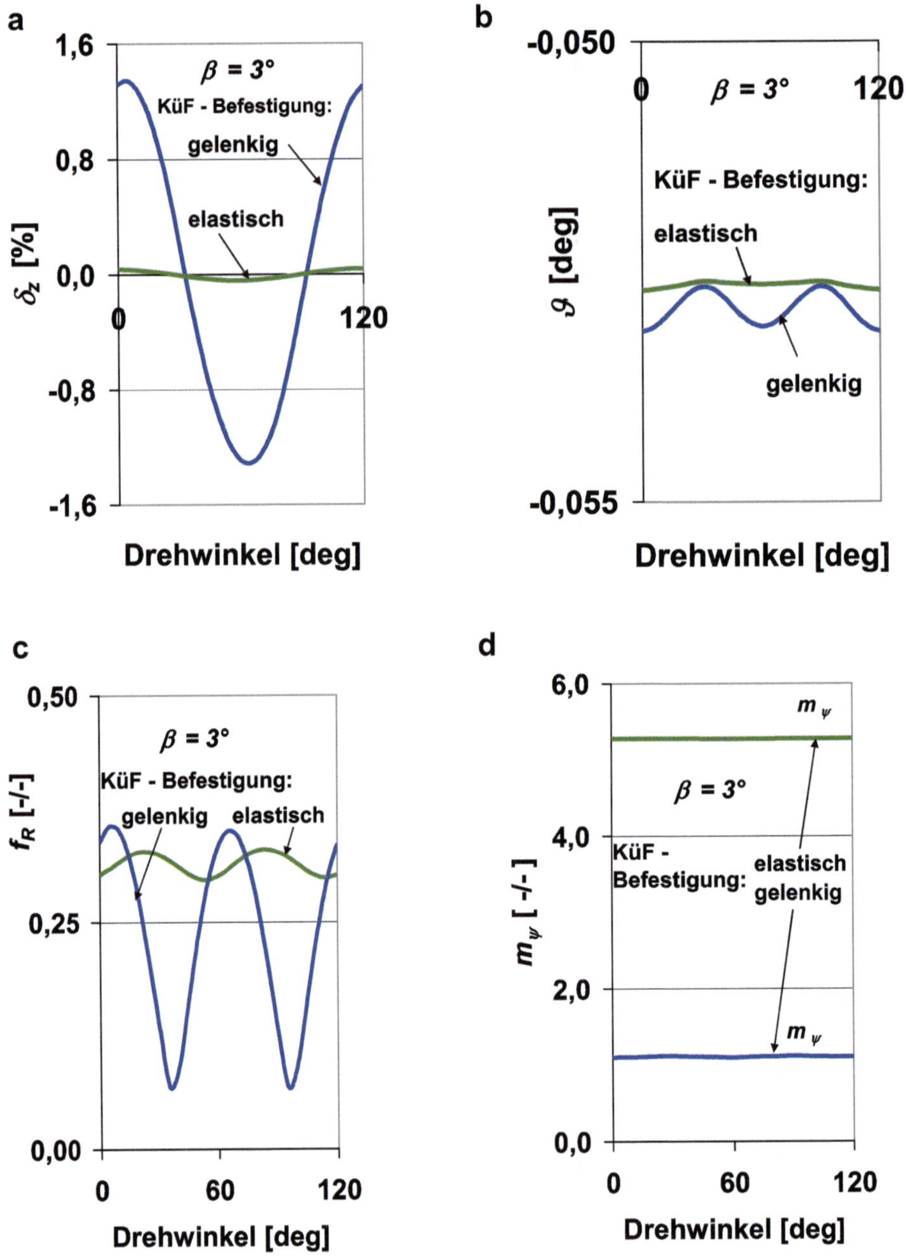

Abb. 3.11 a–d Verlauf von δ_z, ϑ, f_R und m_ψ bei $\boldsymbol{\beta = 3°}$: $a=0{,}9$; $b_Z=0{,}07$; $b_S=0{,}10$; $d=0{,}175$; $e=0{,}02$. KüF – Befestigung: a) gelenkig: $b_{1Z,S}=b_{2Z,S}=b_{3Z,S}=0$. b) elastisch: $b_{1Z}=0{,}02$; $b_{1S}=0{,}03$; $b_{2Z}=0{,}003$; $b_{2S}=0{,}004$; $b_{3Z}=0{,}04$; $b_{3S}=0{,}08$

Der statische Wert des primär in 6. Ordnung zum Umlauf schwankenden Ausgleichswinkels ϑ in Abb. 3.9 vermindert sich bei elastischer Befestigung der KüF gegenüber der gelenkigen Anbindung nur geringfügig und liegt auf einem Niveau von etwa 0,05° für $\beta = 3°$ und die Schwankungsamplitude beträgt noch etwa 1 % davon.

ϑ schwankt dort weit geringer, als der Vor- bzw. Nacheilwinkel eines metallischen Kreuzgelenkes bei gleicher Beugung. Allerdings erfolgt die Schwankung mit der dreifachen Frequenz, welche in die Berechnung der kinetischen Energie der Drehungleichförmigkeit quadratisch eingeht.

Eine signifikante Änderung der Phasenlage der Verläufe von δ_z und ϑ zwischen gelenkiger und elastischer KüF- Befestigung liegt offensichtlich nicht vor.

Die radiale Lagerbelastung am Zentrierzapfen (vgl. Abb. 2.2) ist für die dauerhafte Funktion der Antriebswelle und Ihre Umgebung in den Anwendungen von Bedeutung.

Der Radialkraftverlauf f_R gemäß Gl. (3.20) bei gelenkiger und elastischer KüF – Anbindung und einem Beugewinkel von 3° in Abb. 3.11 zeigt neben einem statischen Wert eine ausgeprägte Schwankung 6. Ordnung zum Wellenumlauf.

Die Amplitude der Schwankung bei $\beta = 3°$ beträgt bei elastischer KüF- Befestigung noch ca. ±5 % vom statischen Wert (ca. 56 N), also ca. ±3 N. Die durch die Beugung der Kupplung um $\beta = 3°$ hervorgerufene radiale Lagerbelastung ist somit von der Größenordnungder der Gewichtsbelastung aus einer elastischen 6 – Loch – Gelenkkupplung mit Flanschen und Zentrierlager (vgl. Abb. 3.2).

Aus Abb. 3.11 ist im Vergleich zur gelenkigen KüF – Befestigung bei $\beta = 3°$ ein ca. 5 mal höherer statischer Wert m_ψ bei elastischer Anbindung der KüF zu entnehmen. Der dimensionsbehaftete Wert M_ψ (3°) beträgt gemäß Gl. (3.23) bei elastischer KüF – Anbindung etwa 52 Nm (vgl. Abb. 3.11). Die Amplituden der Schwankungen 6. Ordnung zum Umlauf sind kaum noch zu erkennen.

Die Schwankungen und auch der absolute Wert von M_ξ sind unabhängig von der Art der KüF – Befestigung vernachlässigbar gering.

4 Messung und Rechnung im Vergleich am Beispiel der Rückstellmoment-Komponente M_ψ

Die Schwankungen von m_ψ im Umlauf sind im Beugewinkelbereich $<6°$ sehr gering (vgl. Abb. 3.11b).

Quasi – statische Messungen der dimensionsbehafteten Rückstellmomentkomponente M_ψ bei unterschiedlichen Umlaufpositionen geben keinen Aufschluss über systematische Schwankungen im hier relevanten Beugewinkelbereich.

In Abb. 4.1 sind die alle 10° des Drehwinkels gemessenen Werte von M_ψ als Mittelwert über 180° für das vorliegende Beispiel bei unterschiedlichen Beugewinkeln eingetragen.

Das Rückstellmoment steigt praktisch linear mit β und die Rechnung wird durch die Messwerte zufriedenstellend bestätigt.

H. R. Andrä und G. S. Andrä, *Die Kinematik der elastischen 6 – Loch – Gelenkkupplung*, https://doi.org/10.1007/978-3-662-61530-0_4

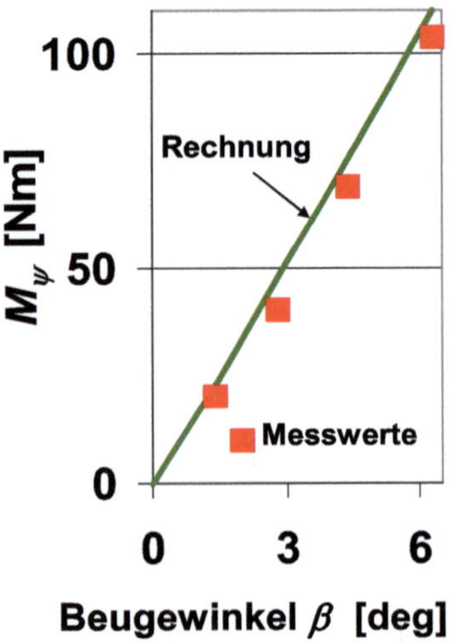

Abb. 4.1 Messwerte von M_ψ bei unterschiedlichen Beugewinkeln im Vergleich zum errechneten Verlauf: $a = 0{,}9$; $b_Z = 0{,}07$; $b_S = 0{,}10$; $b_{1Z} = 0{,}02$; $b_{1S} = 0{,}03$; $b_{2Z} = 0{,}003$; $b_{2S} = 0{,}004$; $b_{3Z} = 0{,}04$; $b_{3S} = 0{,}08$; $d = 0{,}175$; $e = 0{,}02$

Die Wirkung der Parameter auf den Verlauf von Axialauslenkung, Ausgleichswinkel und Rückstellmomentkomponente m_ψ

5

In den Gl. 18a und 19a sind neben der Abhängigkeit vom Drehwinkel weitere 10 Parameter, enthalten, welche die Höhe und den Verlauf der Axialauslenkung δ_z, des Ausgleichswinkels ϑ, und der dimensionslosen Rückstellmomentkomponente m_ψ beeinflussen (vgl. 3.1).

Die Parameter werden im Folgenden in der Umgebung der Werte der gewählten Großserienanwendung variiert, um die Wirkung von Änderungen der Parameter auf die genannten Ergebnisse zu verdeutlichen.

Die Steifigkeitsverhältnisse $b_{Z,S}$, $b_{1Z,S}$, $b_{2Z,S}$ *und* $b_{3Z,S}$ sind gekoppelt und können in der hier vorliegenden Konstruktion praktisch nicht unabhängig von einander geändert werden.

Ihre Werte werden im Wesentlichen vom KüF – Querschnitt (vgl.[4], C11, Tab. 1 und C27, Tab. 6 Nr.:10), der verformbaren Erstreckung zwischen den Befestigungspunkten, der chemisch-physikalischen Verbindung zwischen den Schlingen und ihrer Ummantelung sowie dem Schubmodul der hierfür eingesetzten Elastomermischung bestimmt (vgl. Abb. 2.1–2.3).

Aus fertigungstechnischen Gründen sind Elastomerhärten lediglich zwischen 45–70 Shore A relevant, was einem Schubmodulunterschied von etwas mehr als Faktor zwei entspricht (vgl.[2], S. 19). Diese Steifigkeitsverhältnisse werden daher im Folgenden mit dem Sammelbegriff b_i bezeichnet und gemeinsam betrachtet (vgl. 5.3).

Ebenfalls wird hier nicht zwischen e_Z und e_S unterschieden.

H. R. Andrä und G. S. Andrä, *Die Kinematik der elastischen 6 – Loch – Gelenkkupplung*,
https://doi.org/10.1007/978-3-662-61530-0_5

5.1 Der Einfluss des Beugewinkels *β* bei elastischer KüF – Befestigung

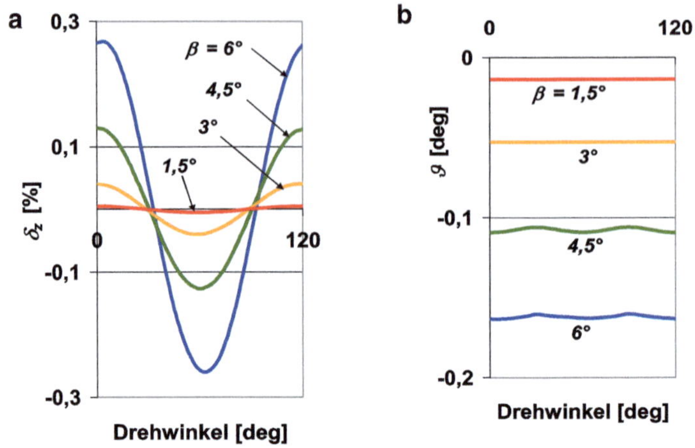

Abb. 5.1a, b δ_z und ϑ als Funktion des Drehwinkels $\Omega_1\, t$ mit β als Parameter Kupplung mit elastischer KüF- Befestigung: $a=0{,}9$; $b_Z=0{,}07$; $b_S=0{,}10$; $b_{1Z}=0{,}02$; $b_{1S}=0{,}03$; $b_{2Z}=0{,}003$; $b_{2S}=0{,}004$; $b_{3Z}=0{,}04$; $b_{3S}=0{,}08$; $d=0{,}175$; $e=0{,}02$

Die Amplituden der in 3. Ordnung zum Umlauf schwankenden Werte von δ_z in Abb. 20 steigen überproportional mit wachsendem Beugewinkel und es wird bei $\beta=6°$ etwa ein Axialweg von etwa +/− 0,26 % von R_{LK} erreicht.

Der Ausgleichswinkel ϑ in Abb. 5.1b schwankt in 6. Ordnung zum Umlauf um einen mit β zunehmenden Mittelwert, welcher eine statische Verdrehung des Abtriebsflansches relativ zum Antriebsflansch im Uhrzeigersinn (−) darstellt.

Die Amplituden der Schwankungen von ϑ sind für den größten Teil der Anwendungen ($\beta< 3°$) unbedeutend, nehmen aber mit weiter steigendem Beugewinkel deutlich zu und überschreiten bis $\beta=6°$ ein Maximum (vgl. [1], S. 97, Abb. 76).

Eine erhebliche Phasenverschiebung der Verläufe in Abb. 5.1a, b als Funktion des Beugewinkels ist nicht fest zu stellen.

5.2 Das Verhältnis *a* der Zugsteifigkeiten zwischen den Schub- und Zug- KüF

Der Einfluss des Zugsteifigkeitsverhältnisses $C_{SZ}/C_{ZZ}=\boldsymbol{a}$ auf den Verlauf von δ_z und ϑ wird in Abb. 5.2a, b deutlich.

Die Amplituden von δ_z in Abb. 5.2a steigen bei größerem Beugewinkel β und geringer Phasenverschiebung etwa linear mit wachsendem Wert von a. Dies gilt auch für die statischen Werte von ϑ in Abb. 5.2b, während die Amplituden der Schwankungen des Ausgleichswinkels etwa konstant bleiben und keine Verschiebung der Phasenlage in Abhängigkeit

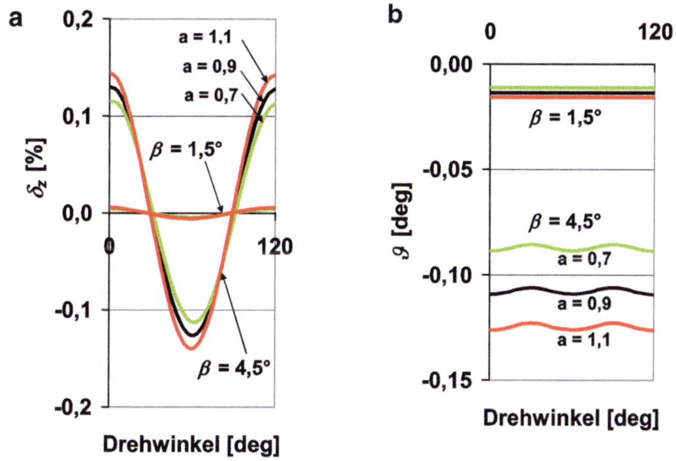

Abb. 5.2a, b Verlauf der Axialauslenkung und des Ausgleichswinkels mit a als Parameter: $b_Z=0{,}07$; $b_S=0{,}10$; $b_{1Z}=0{,}02$; $b_{1S}=0{,}03$; $b_{2Z}=0{,}003$; $b_{2S}=0{,}004$; $b_{3Z}=0{,}04$; $b_{3S}=0{,}08$; $d=0{,}1$; $e=0{,}02$

von a zu erkennen ist. Bei kleinem Beugewinkel treten nur noch vergleichsweise geringe Schwankungen von δ_z und praktisch keine Vor- und Nacheil- Bewegungen im Umlauf mehr auf und auch der Anstieg des statischen Wertes von ϑ mit a bleibt gering.

Die Extremwerte von M_ψ in Abb. 5.3 sind auf den statischen Werte bei 3° Beugewinkel der o. g. Großserienanwendung bezogen.

Die Größe der Rückstellkomponente M_ψ ist, wie Abb. 5.3 unabhängig vom Beugewinkel zeigt, nur mäßig mit a steigend.

Schwankungen in Abhängigkeit vom Drehwinkel sind lediglich in sehr geringem Umfang im Bereich größerer Beugewinkel festzustellen.

Abb. 5.3 Extremwerte der Rückstellmomentkomponente $M_\psi/M_{\psi\,\mathrm{stat.}}(0{,}9;3°)$ als Funktion von a: $b_Z=0{,}07$; $b_S=0{,}10$; $b_{1Z}=0{,}02$; $b_{1S}=0{,}03$; $b_{2Z}=0{,}003$; $b_{2S}=0{,}004$; $b_{3Z}=0{,}04$; $b_{3S}=0{,}08$; $d=0{,}175$; $e=0{,}02$

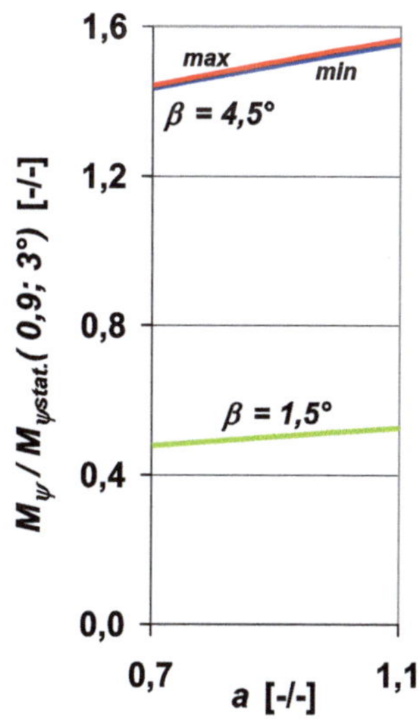

5.3 Die Wirkung der Steifigkeitsverhältnisse $b_{iZ,S}$

Wegen Ihrer physikalischen Kopplung werden die o. a. Steifigkeitsverhältnisse unter der Bezeichnung $\boldsymbol{b_i}$ zusammengefasst und auf die Werte der gewählten Großserienanwendung b_{iSA} bezogen. Die Verhältnisse b_i/b_{iSA} werden dann um ± 50 % vom Serienwert variiert und die Wirkung der so geänderten Parametergruppe auf die relevanten Ergebnisse berechnet.

Die Amplitude von δ_z in Abb. 5.4a fällt bei $\beta = 4{,}5°$ erwartungsgemäß mit zunehmendem Wert von b_i/b_{iSA} und die statischen Werte von ϑ nehmen ebenfalls mit steigendem Parameter b_i/b_{iSA} ab (vgl. Abb. 5.4b).

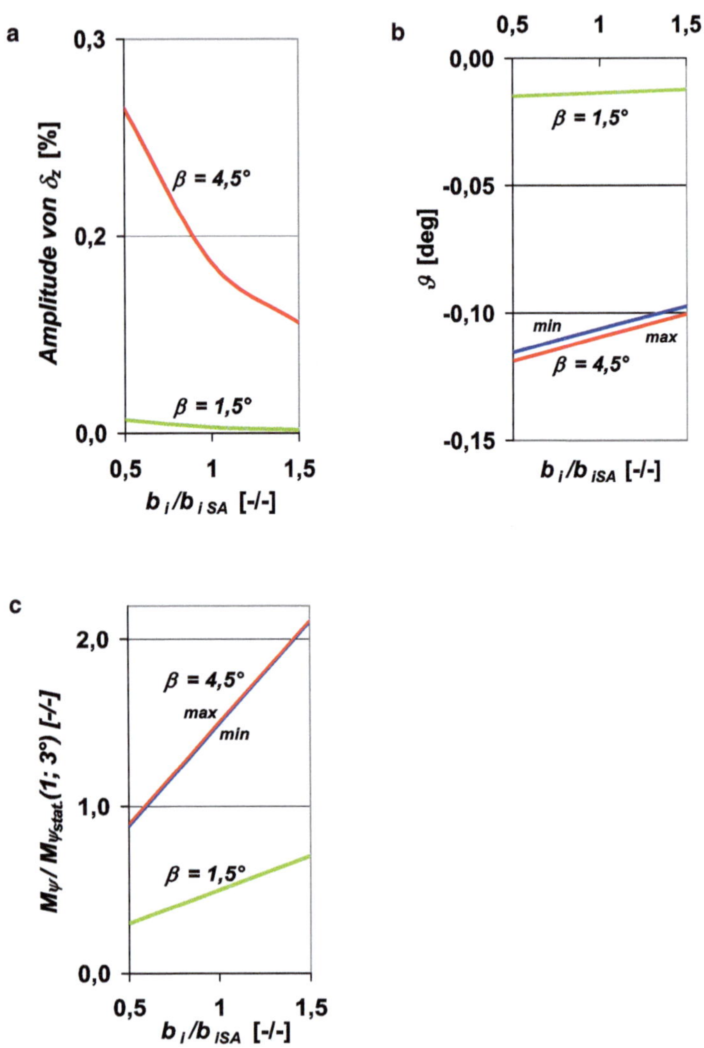

Abb. 5.4a–c Amplituden von δ_z, Extremwerte von ϑ und M_ψ $(b_i/b_{iSA};\ \beta)/M_{\psi\text{stat.}}(1;3°)$ als Funktion von b_i/b_{iSA} bei $\beta = 1{,}5$ und $4{,}5°$: $a = 0{,}9$, $d = 0{,}175$, $e = 0{,}02$

Die Schwankungen von ϑ sind gering sowie unabhängig von b_f/b_{iSA}.

Bei kleinerem Beugewinkel gilt entsprechendes, jedoch bei geringeren Parameter- werten.

Die Rückstellmomentkomponente M_ψ in Abb. 5.4c wächst unabhängig vom Beugewinkel linear mit steigendem Wert von b_f/b_{iSA} und die Schwankungen bleiben unabhängig von b_f/b_{iSA} und β gering.

Generell ist fest zu stellen, dass bei weicherer Ausbildung der KüF in den hier relevanten Bewegungsrichtungen die Schwankungsamplituden der Axialauslenkung und die statische Höhe des Ausgleichswinkels größer werden, die Rückstellmomentkomponente M_ψ aber erheblich zurück geht.

5.4 Der Axialversatz *d* der Schubschlingenbefestigungen

Der Einfluss von ***d*** auf den Verlauf von δ_z, ϑ und M_ψ ist aus Abb. 5.5a bis c in der Umgebung des Wertes $d = 0{,}175$ der ausgewählten Großserienanwendung beispielhaft für einen Beugewinkel von 4,5° und 1,5° ersichtlich.

Mit zunehmendem Versatz *d* wächst die Amplitude von δ_z in Abb. 5.5a linear an. Die statischen Werte des Ausgleichswinkels in Abb. 5.5b steigen ebenfalls mit dem Axialversatz. Die Schwankungen von ϑ bleiben gering und wachsen nur leicht mit *d*.

Der statische Wert der Rückstellmomentkomponente M_ψ reagiert vergleichsweise schwach auf Änderungen von *d* und die Schwankungen sind auch bei 4,5° Beugewinkel noch vernachlässigbar gering (vgl. Abb. 5.5c).

In den Anwendungen ist demnach unabhängig vom Beugewinkel ein möglichst kleiner Axialversatz anzustreben.

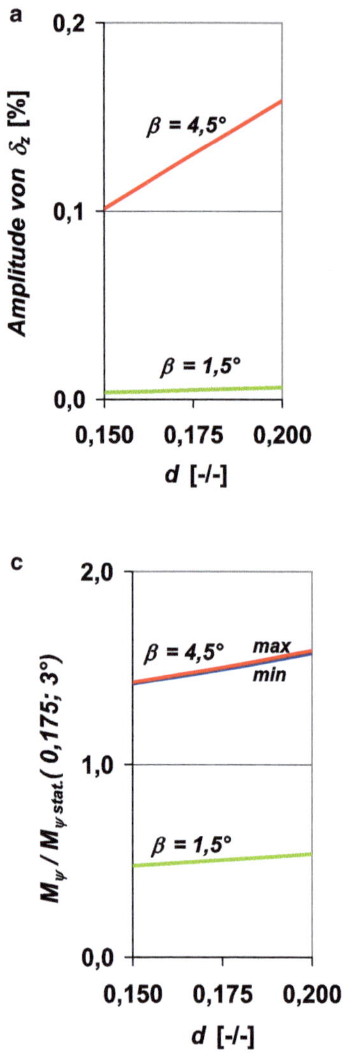

Abb. 5.5a–c Amplitude von δ_z, Extremwerte von ϑ und $M_\psi/M_{\psi\text{stat.}}(0{,}175;3°)$ als Funktion von d für $\beta=1{,}5$ und $4{,}5°$: $a=0{,}9$; $b_Z=0{,}07$; $b_S=0{,}1$; $b_{1Z}=0{,}02$; $b_{1S}=0{,}03$; $b_{2Z}=0{,}003$; $b_{2S}=0{,}004$; $b_{3Z}=0{,}04$; $b_{3S}=0{,}08$; $e=0{,}02$

5.5 Die Erstreckung des Zug- Druck- Steifigkeitsüberganges *e*

Der Übergang aus der Druck- in die Zugsteifigkeit ***e*** der KüF nimmt Einfluss auf die Höhe und Schwankungen der Ergebnisse für δ_z, ϑ und M_ψ (vgl. Abb. 5.6a–c).

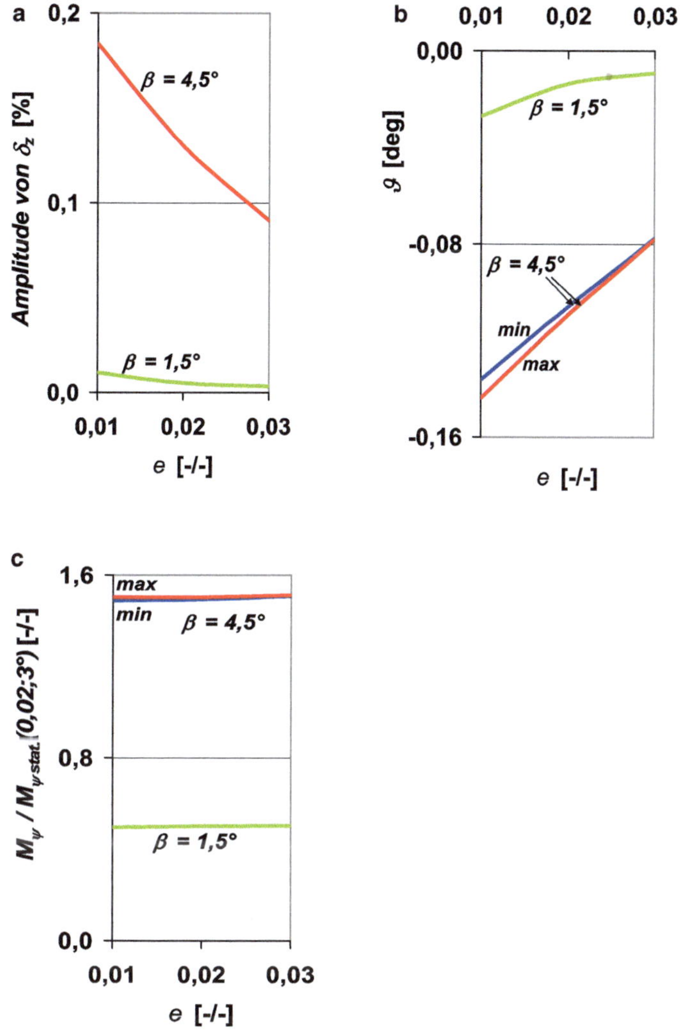

Abb. 5.6a–c Der Einfluss von e auf die Amplitude von δ_z, auf die Extremwerte von ϑ und $M_\psi/M_{\psi\,\mathrm{stat.}}(0{,}02;3°)$ bei $\beta=1{,}5$ und $4{,}5°$: $a=0{,}9$; $b_Z=0{,}07$; $b_S=0{,}1$; $b_{1Z}=0{,}02$; $b_{1S}=0{,}03$; $b_{2Z}=0{,}003$; $b_{2S}=0{,}004$; $b_{3Z}=0{,}04$; $b_{3S}=0{,}08$; $d=0{,}175$

Die Abb. 5.6a–c zeigen übereinstimmend unabhängig von der Höhe des Beugewinkels eine Absenkung der Werte für δ_z, ϑ, der spez. Rückstellmomentkomponente $M_\psi/M_{\psi\mathrm{stat.}}(0{,}02;3°)$ sowie auch deren Schwankungen mit zunehmender Erstreckung des Kennlinienüberganges e.

Bei Anwendungen mit kleinem Beugewinkel ist demnach eher eine größere Erstreckung des Kennlinienüberganges der KüF, als in der gewählten Anwendungen realisiert, anzustreben.

6 Ausgleichswinkel und Axialauslenkung bei Drehmomentbeaufschlagung

6.1 Ohne Beugewinkel

Bei Vorgabe eines Verdrehwinkels $\Delta\phi$ zwischen der Antriebs- und Abtriebsachse stellt sich ein Reaktionsmoment an der Kupplung ein. Bei dieser Verformung werden bei Vorwärtsantrieb die Zugstrecken der Kupplung gedehnt und die Schubstrecken gestaucht.

Weiterhin werden die KüF wegen ihrer elastischen Anbindung um die Befestigungspunkte B, D und F in der x – y – Ebene verdreht.

In Abb. 6.1 und 6.2 ist der beschriebenen Vorgang für KüF I und KüF II skizziert.

Punkt A entfernt sich vom Punkt F und nähert sich auf der Kreisbahn mit dem Radius R_{LK} dem Punkt B und überstreicht dabei den Winkel $\Delta\phi$.

KüF I wird hierbei gestaucht und KüF II um den Wert $\delta l_{II} = \Delta L_{II}/R_{LK}$ gedehnt. Hierdurch wirkt am Punkt A eine spezifische Zugkraft mit dem Betrag $p_{II} = I F_{\vec{AII}} I / (C_{ZZ} R_{LK})$, welche sich aus den Gl. (4, 4a und b) berechnen läßt.

Für den Betrag der bezogenen Druckkraft p_I in KüF I gilt entsprechendes.

Zwischen $\Delta\phi$ und $\delta l_{I,II}$ besteht der folgende geometrische Zusammenhang:

$$+/-\ \Delta\phi = \arccos\left(1 - \left(1 + \delta l_{I;II}\right)^2 \Big/ 2\right) - \pi/3. \tag{6.1}$$

Im Fahrbetrieb ist $\Delta\phi$ klein ($<2°$), so daß die spezifischen Dehnungen der KüF ebenfalls klein bleiben und im Betrag etwa gleich groß sind.

$$\delta l_I = -\delta l_{Ii} \cong -\sqrt{3}\ \Delta\phi/2 \tag{6.2}$$

Der senkrechte Abstand von $F_{\vec{AI}}$ und auch von $F_{\vec{AII}}$ zum Koordinatenursprung lautet:

$$r_{I;II} = R_{I;II} / R_{LK} = \left[1 - \left(1 + \delta l_{I;II}\right)^2 \Big/ 4\right]^{0,5}. \tag{6.3}$$

H. R. Andrä und G. S. Andrä, *Die Kinematik der elastischen 6 – Loch – Gelenkkupplung*,
https://doi.org/10.1007/978-3-662-61530-0_6

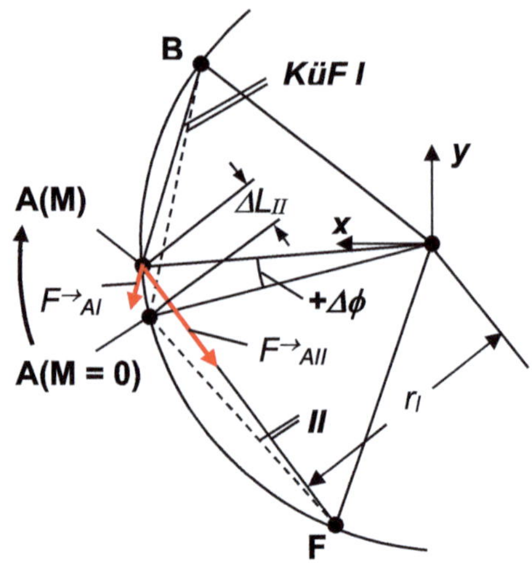

Abb. 6.1 Zug- und Druckkraft am Punkt A bei Verdrehung der Kupplung um $\Delta\phi$

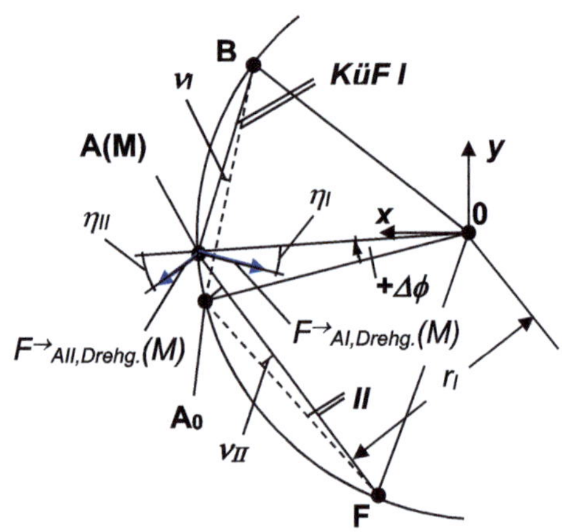

Abb. 6.2 Reaktionskräfte am Punkt A wegen der Verdrehung von KüF I und II um $\nu_{I;II}$

Der bei gelenkiger KüF – Befestigung am Punkt A auftretende Betrag des Reaktionsmomentes ergibt sich aus der Summe der beiden Produkte:

$$I\ M^{\rightarrow}_{A,gel.}I / \left(C_{ZZ} R^2_{LK}\right) = p_I\ r_I + p_{II}\ r_{II}. \tag{6.4}$$

Die Verdrehung von KüF I und KüF II um die Winkel ν_I bzw. ν_{II} (vgl. Abb. 6.2) steht bei Vernachlässigung höherer Glieder von $\delta l_{I;II}$ mit $\Delta\phi$ und $\delta l_{I;II}$ im folgendem Zusammenhang:

$$\nu_{I;II} = \arccos\ \left[\left(\cos\Delta\phi + \delta l_{I;II}\right) / \left(1 + \delta l_{I;II}\right)\right]. \tag{6.5}$$

Die Umfangskomponenten der Schwenk- bzw. Verdrehkräfte $F^{\rightarrow}_{AI,\mathrm{Drehg.}}(M)$ und $F^{\rightarrow}_{AII,\mathrm{Drehg.}}(M)$, welche senkrecht zu den KüF – Achsen in der x – y – Ebene (vgl.

Abb. 6.2) am Punkt A wirken, lassen sich mit Hilfe des allgemeinen pythagoreischen Lehrsatzes aus den schiefwinkligen Dreiecken B; F – A(*M*) – 0 und unter Verwendung der gemessenen Verdrehsteifigkeiten (vgl. Abschn. 3.1h) berechnen und es folgt für die hieraus bewirkten spezifischen Drehmomente um die z – Achse:

$$I\ \overrightarrow{M_{I,\text{Drehg.}}}(M) I / \left(C_{ZZ} R_{LK}^2\right) = b_{3S}\ \nu_I\ \sin(\eta_I) \tag{6.6}$$

$$I\ \overrightarrow{M_{II,\text{Drehg.}}}(M) I. / \left(C_{ZZ} R_{LK}^2\right) = b_{3Z}\ \nu_{II}\ \sin(\eta_{II}) \tag{6.7}$$

$$\text{mit } \eta_{I;II} = \pi/2 - \text{arccos}\ \left[\left(1 + I\delta l_{I,II} I\right)/2\right] \tag{6.8}$$

Für den Betrag des bei elastischer KüF – Befestigung an den Punkten A, C und F insgesamt auftretende spezifische Reaktionsmoment bei Verdrehung der Kupplung um $\Delta\phi$ folgt sodann:

$$M(\Delta\phi) / \left(C_{ZZ} R_{LK}^2\right) = 3\left[p_I r_I + p_{II} r_{II} + b_{3S} \nu_I \sin(\eta_I) + b_{3Z} \nu_{II} \sin(\eta_{II})\right] \tag{6.9}$$

Abb. 6.3 zeigt den Verlauf der Verdrehkennlinie bei gelenkiger und elastischer KüF – Befestigung aus Gl. (6.3) und (6.10) sowie die aus den Messungen in Abb. 3.1 errechnete Hystereseschleife.

Der ansteigende Ast der Hystere (+$\Delta\phi$) und der absteigende Ast ($-\Delta\phi$) stimmen mit den errechneten Werten für $+/-I\ \overrightarrow{M_{\text{gel.}}}\ I$ gut überein.

Die höheren Werte für $I\ M_{el.}\ I$ zeigen den Einfluss der spezifischen Verdrehsteifigkeiten b_{3Z} und b_{3S} der KüF an den Befestigungspunkten, welchen die Zug- Druck-Hysterese (vgl. Abb. 3.1) per Definition nicht beinhaltet.

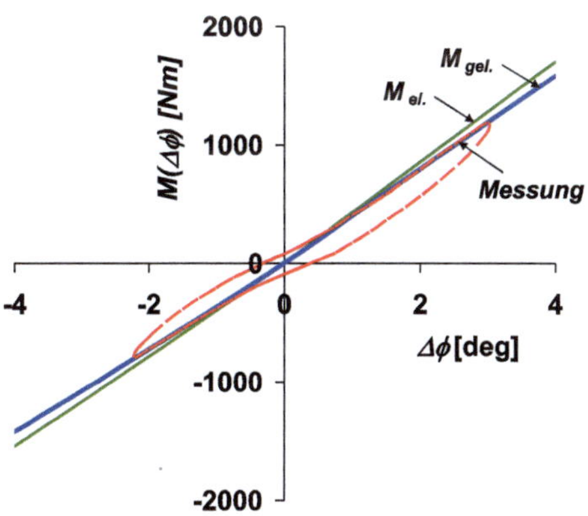

Abb. 6.3 Reaktionsmoment einer 6 – Loch – Gelenkkupplung als Funktion von $\Delta\phi$ mit den Parametern: $a = 0{,}9$; $b_Z = 0{,}07$; $b_S = 0{,}1$; $b_{3Z} = 0{,}04$; $b_{3S} = 0{,}08$; $d = 0{,}175$; $e = 0{,}02$; $R_{LK} = 55$ mm; $C_{ZZ} = 3150$ N/mm

6.2 Mit Beugewinkel

Läuft die unter Drehmomentbelastung stehende Kupplung mit Beugewinkel um, so muss auch die unter 3.5c beschriebene Verdrehung der KüF um ihre Befestigungspunkte berücksichtigt werden.

Bei der Ermittlung der entsprechenden Umfangskraftanteile in Abschn. 3.5c sind dann die Koordinaten des Punktes A_0 durch diejenigen des Punktes A(M) zu ersetzen.

Die in Abhängigkeit von M und β in der x – y – Ebene auftretende relative Dehnung δl_{IIxy} der KüF II ist:

$$\delta l_{IIxy}\ (M;\ \beta) = \{\}_2^{0,5} - \{\ \}_1^{0,5} \text{ mit:} \tag{6.10}$$

$$\{\}_1 = \left\{[x_A(M;\ 0) - x_F]^2 + \left[y_A(M;\ 0) - y_F\right]^2\right\} \text{ und}$$

$$\{\}_2 = \left\{[x_A(M;\ \beta) - x_F]^2 + \left[y_A(M;\ \beta) - y_F\right]^2\right\}.$$

$$\text{Der Verdrehwinkel } \mu_{II} \text{ lautet dann: } \cos\mu_{II} = \left\{\{\ \}_1 + \{\ \}_2 - [\ ]_0^2\right\} \Big/ \left(2\{\ \}_1^{0,5}\{\ \}_2^{0,5}\right) \tag{6.11}$$

$$\text{mit: } [\ ]_0 = [x_A(M;\ \beta) - x_A(M;\ 0)].$$

Zur Ermittlung der entsprechenden Größen für die KüF I ist in den Gl. (6.10) und (6.11) x_F durch x_B und y_F durch y_B zu ersetzen.

Der gesamte Verdrehwinkel $\Delta\phi_{ges.}$ setzt sich aus der Verdrehung der Kupplung in Folge des anliegenden Drehmomentes $\Delta\phi(M)$ und dem Ausgleichswinkel $\vartheta(\beta)$ zusammen:

$$\Delta\phi_{ges.} = \Delta\phi(M) + \vartheta(\beta) \tag{6.12}$$

Der Ausgleichswinkel hängt stark vom Beugewinkel ab (vgl. Abb. 5.1) und ist im hier relevanten Anwendungsbereich nach dem inneren Kraftausgleich allerdings sehr gering. Bei 3° Beugewinkel sind es lediglich noch etwa −0,05°.

Die Kennlinie aus Abb. 6.3 verläuft damit in Abhängigkeit von β um den statischen Wert von ϑ nach links verschoben und schwankt dort im Umlauf mit der Amplitude des verbliebenen dynamischen Anteils von ϑ hin und her (vgl. 3.1 g).

Die Kennlinie der Kupplung ist praktisch linear in Abhängigkeit von $\Delta\phi_{ges}$ (vgl. Abb. 6.3), so daß sich bei unterschiedlicher Drehmomentbeaufschlagung in den Ergebnissen für Axialauslenkung, Ausgleichswinkel und Rückstellmoment lediglich unwesentliche Änderungen bei Verwendung des Datensatzes der gewählten Großserienlösung einstellen, wie aus Abb. 6.4 für den Ausgleichswinkel bei $\beta = 4{,}5°$ hervorgeht.

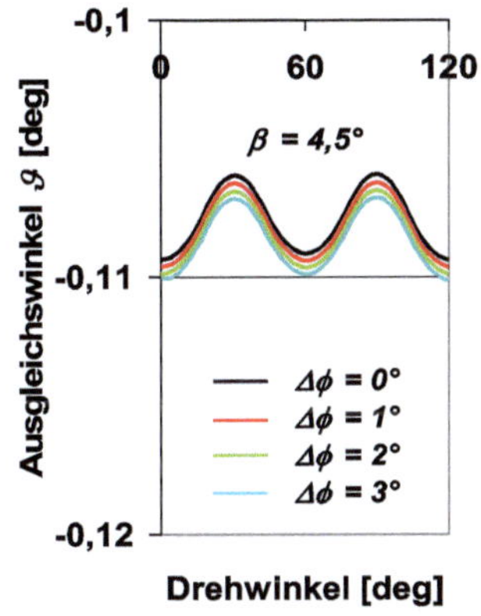

Abb. 6.4 Ausgleichswinkel als Funktion verschiedener Werte von $\Delta\phi$

Zusammenfassung 7

Die elastischen 6 – Loch – Gelenkkupplungen mit gummierten Kordeinlagen werden überwiegend im Antriebsstrang von PKW´s mit Heckantrieb zur wartungsfreien Drehmomentübertragung sowie zur Schwingungs- und Geräuschreduzierung millionenfach pro Jahr verbaut.

Sie befinden sich zwischen dem Dreiarmflansch am Getriebeausgang und dem vorderen Gelenkwellenflansch oder/und dem hinteren Gelenkwellenflansch und dem Eingangsflansch in das heckseitige Verteilergetriebe.

6 – Loch – Gelenkkupplung mit Peripherie

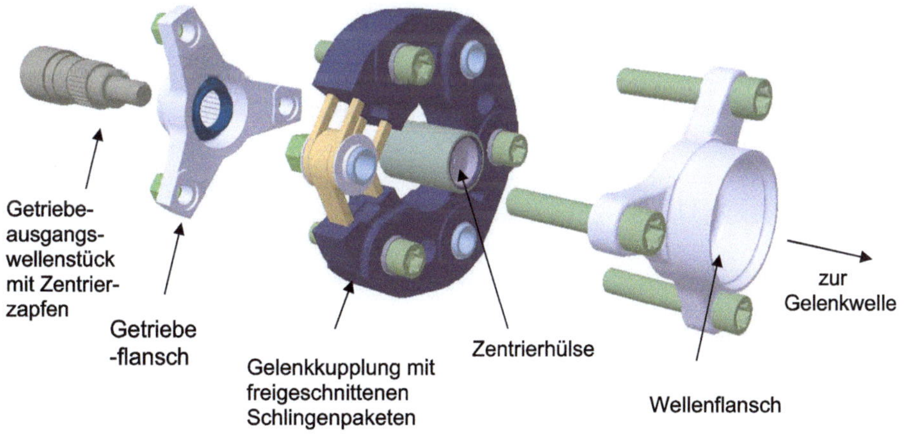

Von den sechs am Befestigungslochkreis mit Radius R_{LK} zwischen den Kupplungsflanschen angeordneten Kraftübertragerfedern (KüF) werden die drei bei Vorwärtsfahrt

H. R. Andrä und G. S. Andrä, *Die Kinematik der elastischen 6 – Loch – Gelenkkupplung*,
https://doi.org/10.1007/978-3-662-61530-0_7

zugbeanspruchten KüF als **Zugfedern** und die drei für Schubbetrieb bzw. Rückwärtsfahrt ausgelegten KüF als **Schub – KüF** bezeichnet.

Zunächst werden die zur Beschreibung der kinematischen Verhältnisse relevanten Parameter vorgestellt und ihr in der Praxis realisierter Wertebereich benannt.

Neben dem den Umlauf des Antriebes beschreibenden Drehwinkel $\boldsymbol{\Omega_I t}$ ($\boldsymbol{\Omega_I}$ = konst.) und dem konstruktiv aufgeprägten Beugewinkel $\boldsymbol{\beta}$ des jeweiligen Wellengelenkes sind dies die Steifigkeits- und Längenverhältnisse:

1. Das Zugsteifigkeitsverhältnis $\boldsymbol{a}$ zwischen den Schub- und Zug – KüF,
2. die Verhältnisse $\boldsymbol{b_i}$ der Schub-, Torsions- bzw. Verdrehsteifigkeit der KüF, bezogen auf die Zugsteifigkeit der Zug – KüF,
3. das Verhältnis $\boldsymbol{d}$ des axialen Versatzes Δz_S der Schubstreckenhälften zu R_{LK}
4. und $\boldsymbol{e}$ die auf R_{LK} bezogene Erstreckung $E_{Z,S}$ des Steifigkeitsüberganges um den Nulldurchgang der Kupplungs – Zug – Druckkennlinie.

Im Umlauf der Gelenkkupplung unter Beugewinkel treten an den Befestigungspunkten der KüF Radial-, Axial- und Umfangskräfte auf.

Die resultierenden Radialkräfte werden über das Radiallager im Zentrum der Kupplung (Zentrierhülse) durch die Antriebswelle aufgenommen, während die Axial- und Umfangskräfte aus der Verformung aller KüF ihren Ausgleich in einer periodischen axialen Auslenkung $\boldsymbol{\delta_z} = \Delta z/R_{LK}$ und einer Verdrehung des Abtriebes um den sog. Ausgleichswinkel $\boldsymbol{\vartheta}$ erfolgt, was bereits aus der Beschreibung des ebenen Kinematikmodelles in [1] bekannt ist.

Die Axialbewegung erfolgt in 3. Ordnung zum Umlauf und der Ausgleichswinkel besteht aus einem statischen und einem in 6. Ordnung zum Umlauf periodisch schwankenden Anteil.

Zunächst (vgl. Abschn. 3.3) erfolgt die Berechnung der relativen Dehnungen in den zwischen den einzelnen Befestigungspunkten wirkenden KüF unter Berücksichtigung ihrer axialen Befestigungsposition, welche im 3D – Kinematikmodell analog zum ebenen Modell aus [1] reibungsfrei gelenkig angenommen wird.

Der Steifigkeitsunterschied zwischen Zug – und Schub – KüF sowie der konstruktionsbedingte Axialversatz der Schub – KüF – Hälften bewirken erhebliche Dehnungsunterschiede zwischen den Zug – und Schub – KüF.

Aus der Symmetrie der Kupplungsflansche ist zu erkennen, dass im Umlauf ein Befestigungspunkt des Antriebsflansches nach einem Drehwinkel von 120° die Position des unmittelbar in Drehrichtung vor ihm angeordneten Punktes erreicht.

So haben dann auch die Kräfte der dort befestigten KüF die gleiche Wirkrichtung und den gleichen Betrag wie diejenigen bei Drehwinkel 0°, wodurch sich der Aufwand zu ihrer Berechnung erheblich reduziert.

Die Bestimmung der Komponenten der Federkräfte und Rückstellmomente erfolgt in Abschn. 3.4, sodass die gesuchten Größen $\boldsymbol{\delta_z}$ und $\boldsymbol{\vartheta}$ jeweils als Funktion der genannten

Parameter für den Fall ausgeglichener Umfangs- und Axialkräfte iterativ bei gutem Konvergenzverhalten ermittelt werden können:

$$\vartheta = \vartheta\left(\Omega_{\mathrm{I}} t;\ \beta;\ a;\ b_{\mathrm{i}};\ d;\ e\right)\ und\ \delta_z = \delta_z\left(\Omega_{\mathrm{I}} t;\ \beta;\ a;\ b_{\mathrm{i}};\ d;\ e\right).$$

Mit diesen Ergebnissen können dann auch die Rückstellmomentkomponenten und die am Zentrierlager auftretende Radialkraft errechnet werden.

Die Befestigung der KüF ist in den Anwendungen nicht gelenkig, sondern elastisch, sodass an den Befestigungspunkten Schub-, Torsions- sowie Verdrehkräfte und Momente auftreten, welche in Abschn. 3.5 berechnet und den Ergebnissen aus der gelenkigen Modellierung hinzu gefügt werden.

Der Vergleich der Ergebnisse für $\boldsymbol{\delta_z}$, $\boldsymbol{\vartheta}$, die spezifische Radialkraft f_R und die senkrecht zu Beugeebene wirkende reduzierte Rückstellmomentkomponente m_ψ bei gelenkiger und elastischer Befestigung der KüF zeigt in Abschn. 3.6 einen erheblichen Rückgang der Amplituden der Schwankungen 3. und 6. Ordnung.

Am statischen Wert von $\boldsymbol{\vartheta}$ wird darüber hinaus eine geringe Absenkung festgestellt, während die statischen Werte von f_R und m_ψ bei elastischer KüF – Befestigung in Vergleich zur gelenkigen deutlich steigen.

Der größte Einfluss auf die Ergebnisse für $\boldsymbol{\delta_z}$ wird durch die Schubdeformation der KüF bewirkt.

Der Vergleich zwischen Rechnung und Messung am Beispiel der Rückstellmomentkomponente zeigt eine ausreichende Übereinstimmung (vgl. 4.).

Die Wirkung der Parameter $\boldsymbol{\beta}$, $\boldsymbol{a}$, $\boldsymbol{b_i}$, $\boldsymbol{d}$ und $\boldsymbol{e}$ auf den Drehwinkelverlauf von $\boldsymbol{\delta_z}$, $\boldsymbol{\vartheta}$, und das Rückstellmoment wird unter Kap. 5 mit folgenden Ergebnissen untersucht:

1. Die Amplituden von δ_z steigen überproportional mit $\boldsymbol{\beta}$ (vgl. Abb. 5.1a). ϑ schwankt um einen mit β zunehmenden Mittelwertsbetrag, welcher eine statische Verdrehung des Abtriebsflansches relativ zum Antriebsflansch im Uhrzeigersinn (−) darstellt.
   Die Amplituden der Schwankungen von ϑ sind für den größten Teil der Anwendungen (β<3°) unbedeutend (vgl. Abb. 5.1b).
2. Die Amplitude von δ_z und der Betrag von ϑ steigen mit Zunahme von $\boldsymbol{a}$ und $\boldsymbol{d}$ und fallen mit steigenden Werten von $\boldsymbol{b_i}$ und $\boldsymbol{e}$ in der Umgebung der Parameterwerte der ausgewählten Großserienanwendung.
3. Die Höhe der Rückstellmomentkomponente m_ψ fällt dort mit der Abnahme der Parameter $\boldsymbol{a}$,$\boldsymbol{b_i}$ sowie $\boldsymbol{d}$ und ist von der Ausprägung von $\boldsymbol{e}$ praktisch unabhängig.
4. Bei Beaufschlagung der Kupplung mit Drehmoment kommt es zu einer Dehnung bzw. Stauchung sowie einer Verdrehung der KüF um die Befestigungspunkte in der Kupplungsebene. Die hierdurch erzeugten Reaktionsmomente bestimmen die sog. statische Verdrehkennlinie der Kupplung (vgl. Abb. 6.3), welche sich auch unter den in den Anwendungen auftretenden Beugewinkeln kaum ändert. Der bei Beugung auftretende Ausgleichswinkel verschiebt den Nulldurchgang der Kennlinie um dessen statischen Wert.

Verzeichnis der Abkürzungen

I. KüF Kraftübertragerfeder (Schlingenpaket(e) mit Elastomerummantelung)

II. Längen [mm]:

L_0	Ausgangslänge der KüF
R_{LK}	Radius des Befestigungslochkreises der KüF
E	Mittelwert für die Erstreckung des Steifigkeitsüberganges bei $E_S \approx E_Z$
E_S	Erstreckung des Steifigkeitsüberganges der Schub – KüF
E_Z	Erstreckung des Steifigkeitsüberganges der Zug – KüF
Δ	Abweichung vom Lochkreisradius R_{LK}
$\Delta l_{IJ}(t) \equiv \Delta l_{IJ}$	Dehnung der KüF zwischen den Befestigungspunkten I und J
ΔL_{II}	absolute Dehnung der KüF II
Δz	Axialverschiebung des Abtriebes
Δz_S	Axialversatz der Schub – KüF – Hälften
$\vec{I}(t) \equiv \vec{I}; \vec{J}(t) \equiv \vec{J}$	Ortsvektoren
$R_{I;II}$	senkrechter Abstand der Kräfte $F_{\vec{AI}}$ bzw. $F_{\vec{AII}}$ zum Koordinatenursprung
$\vec{u}_{IJ}(t) \equiv \vec{u}_{IJ}$	vektorielle Verschiebung von Anbindungspunkt I mit dem Ortsvektor $\vec{I}$ zum benachbarten Punkt J mit dem Ortsvektor $\vec{J}$
$u_{IJ,x}; u_{IJ,y}; u_{IJ,z}$	Beträge der Komponenten von $\vec{u}_{IJ}$

III. Steifigkeiten:

C_{SD}	Schub – KüF bei Druckbelastung [N/mm]
C_{SZ}	Schub – KüF bei Zugbelastung [N/mm]
C_{ZD}	Zug – KüF bei Druckbelastung [N/mm]
C_{ZZ}	Zug – KüF bei Zugbelastung [N/mm]
$C_{SSchub.}$	Schub – KüF bei Schubbelastung in z – Richtung [N/mm]

H. R. Andrä und G. S. Andrä, *Die Kinematik der elastischen 6 – Loch – Gelenkkupplung*,
https://doi.org/10.1007/978-3-662-61530-0

$C_{\text{ZSchub.}}$	Zug – KüF bei Schubbelastung in z – Richtung [N/mm]
$C_{\text{SDrehg.}}$	Schub – KüF bei Verdrehung x – y – Ebene [Nmm/rad]
$C_{\text{ZDrehg.}}$	Zug – KüF bei Verdrehung in der x – y – Ebene [Nmm/rad]
$C_{\text{STors.}}$	Schub – KüF bei Torsionsbelastung [Nmm/rad]
$C_{\text{ZTors.}}$	Zug – KüF bei Torsionsbelastung [Nmm/rad]

IV. Kräfte [N] und Momente [Nm]:

$F(\delta l_{IJ})$	Betrag der Kraft in einer KüF als Funktion ihrer relativen Dehnung
$F(\delta l_{AF})$	Betrag der Kraft in KüF II als Funktion ihrer relativen Dehnung
$\vec{F_{IJ}}$,max	Maximalkraft in einer Zug – KüF bei $\delta_z;\vartheta;e=0$ und Zugbelastung
$\vec{F_{AI}}$; $\vec{F_{AII}}$	am Punkt A angreifender Kraftvektor aus der Dehnung bzw. Stauchung von KüF I oder II
$F_{AB} \equiv F_I$; $F_{AF} \equiv F_{II}$	Betrag der Kraft aus KüF I oder II am Punkt A wirkend
$I\vec{F_{AF}},\text{max}I \equiv F_{II,\text{max}}$	Betrag der Maximalkraft in KüF II bei δ_z; ϑ; $e=0$ unter Zugbelastung
$\vec{F}_{AII,\text{Drehg.}xy}$	am Befestigungspunkt A angreifender Kraftvektor aus der Verdrehung von KüF II um den Punkt F in der x – y – Ebene in Folge Beugewinkel β
$\vec{F}_{AI,\text{ Drehg.}}(M)$	am Befestigungspunkt A angreifender Kraftvektor aus der Verdrehung von KüF I um den Punkt F in der x – y – Ebene als Funktion des anliegenden Drehmomentes
$\vec{F}_{AI,\text{Drehg.}}(M)$	am Befestigungspunkt A angreifender Kraftvektor aus der Verdrehung von KüF I um den Punkt F in der x – y – Ebene in Folge des anliegenden Drehmomentes
$F_{AII,x}$	am Befestigungspunkt A wirkende x – Komponente der Kraft aus der Dehnung/Stauchung von KüF II
$\vec{M}_{A,\text{gel.}}$	am Punkt A wirkendes Reaktionsmoment bei gelenkiger KüF – Befestigung als Funktion von $\Delta\phi$
$M_{gel.\ i}$	Rückstellmomentkomponente bei gelenkiger KüF – Lagerung $(i=\xi;\ \psi)$
$\vec{M}_{I,\text{Drehg.}}(M)$	Drehmomentanteil aus der Verdrehung der KüF I um Punkt B nach Beaufschlagung der Kupplung mit dem Drehmoment M
$\vec{M}_{II,\text{Drehg.}}(M)$	Drehmoment aus der Verdrehung der KüF II um Punkt F nach Beaufschlagung der Kupplung mit dem Drehmoment M
$M^{\rightarrow}(\Delta\phi)$	gesamtes Reaktionsmoment der Kupplung als Funktion von $\Delta\phi$
$M_{el.\psi}$	Rückstellmomentkomponente um die ψ – Achse bei elastischer KüF – Befestigung
$M_{el.\psi\ stat.}$	statischer Anteil von $M_{el.\psi}$

$M_{\text{gel.}}^{\rightarrow}$	Reaktionsmoment bei gelenkiger KüF – Befestigung als Funktion von $\Delta\phi$
$M_{el.}^{\rightarrow}$	Reaktionsmoment bei elastischer KüF – Befestigung als Funktion von $\Delta\phi$.

V. Dimensionslose Größen:

a) Kartesische Koordinaten auf R_{LK} bezogen

x_i; y_i; z_i	am Antrieb
ξ; ψ; ζ	am Abtrieb

b) Steifigkeits- und Längenverhältnisse

a	$= C_{SZ}/C_{ZZ}$
b_i	$= b_{iS,Z}\,(i=0,1,2,3)$ reduzierte Steifigkeiten
b_S	$= C_{SD}/C_{ZZ}$
b_Z	$= C_{ZD}/C_{ZZ}$
b_{1S}	$= C_{\text{SSchub}}/C_{ZZ}$
b_{1Z}	$= C_{\text{ZSchub}}/C_{ZZ}$
b_{2S}	$= C_{\text{STors.}}/(C_{ZZ}\,R_{LK}{}^{2})$
b_{2Z}	$= C_{\text{ZTors.}}/(C_{ZZ}\,R_{LK}{}^{2})$
b_{3S}	$= C_{\text{SDrehg.}}/(C_{ZZ}\,R_{LK}{}^{2})$
b_{3Z}	$= C_{\text{ZDrehg.}}/(C_{ZZ}\,R_{LK}{}^{2})$
$c(\delta l_{IJ})$	$=C(\delta l_{IJ})/C_{ZZ}$ reduzierte Steifigkeit als Funktion der relativen Dehnung einer KüF
$c(\delta l_{AF})$	$=C(\delta l_{AF})/C_{ZZ}$ reduzierte Steifigkeit als Funktion der relativen Dehnung von KüF II
d	$=\Delta z_S/R_{LK}$
δ_z	$=\Delta z/R_{LK}$
$\delta l_{IJ}\,(t)=\delta l_{IJ}$	relative Dehnung der KüF
δl_I; δl_{II}	relative Dehnung der KüF I oder II
$\delta l_{AF,max}$	Maximum der relativen Dehnung in KüF II bei ($\delta_{z;}$ ϑ; $e=0$)
δl_{IIxy}	Komponente der rel. Dehnung von KüF II in der x – y – Ebene
$\delta l_{IIxy}\,(M;\,\beta)$	spezifische Dehnung der KüF II in der x – y – Ebene als Funktion des Drehmomentes M und des Beugewinkels β
e_S	$= E_S/R_{LK}$
e_Z	$= E_Z/R_{LK}$
e	$= E/R_{LK}\,(E_S\approx E_Z\approx E)$
$\left\|\vec{u}_{IJ}\right\| / R_{LK} = l_{IJ}$	Betrag der spezifischen Länge der KüF
$l_{IJ,i}$	Beträge der Komponenten von $\vec{u}_{IJ}/R_{LK}(i = x;\ y;\ z)$
l_{AB1}	spez. Länge der KüF – Hälfte I_1 zwischen A und B_1
$l_{AF,x}$; $l_{AF,y}$; $l_{AF,z}$	Komponenten der spez. Länge von KüF II

$l_{AB1,z}$	z – Komponente von l_{AB1}
λ_{II}	senkrechter Abstand von $m^{\rightarrow}{}_{AII,\mathrm{Tors.},xy}$ zum Koordinatenursprung
$r_{I;II}$	$= R_{I;II}/R_{LK}$

c) Kräfte und Momente

$f^{\rightarrow}(\delta l_{AF})$	$= F(\delta l_{AF}) / (C_{ZZ} R_{LK})$ reduzierte Zug- Druck- Kraft in der Achse von KüF II
$f_{IJ}^{\rightarrow}$	auf $C_{ZZ}\, R_{LK}\, \delta l_{AF,max}$ bezogene Zug- Druck- Kraft in einer KüF
$f_{AI1,x}; f_{AI2,x}$; $f_{AI1,y}; f_{AI2,y}$; $f_{AI1,z}; f_{AI2,z}$	am Befestigungspunkt A angreifende, reduzierte x,y u. z - Komponente der Kraft nach Dehnung/Stauchung der Schubfederhälften KüF I_1 bzw. I_2
$f_{AII,x}; f_{AII,y}; f_{AII,z}$	am Befestigungspunkt A angreifende, reduzierte x;y;z – Komponente von f_{II} bei gelenkiger KüF – Anbindung
$f_{AII,\mathrm{Drehg}.xy}$	Betrag der am Befestigungspunkt A angreifende, spez. Kraft in Folge der Verdrehung von KüF II um den Punkt F in der x – y – Ebene
$f_{AIIR,\mathrm{Drehg}.xy}$	Radialkomponente von $f_{AII,\mathrm{Drehg}.xy}$
$f_{AIIU,\mathrm{Drehg}.xy}$	Umfangskomponente von $f_{AII,\mathrm{Drehg}.xy}$
$f_{AII,Schub,z}$	am Befestigungspunkt A angreifende, z – Komponente der spez. Kraft in Folge einer Schubverformung von KüF II
$f_{AII,\mathrm{Tors.},z}$	aus der KüF II – Torsion im Punkt A parallel zur z – Achse angreifende Rückstellkraftkomponente
$f_{CI1,x;} f_{CI2,x}$; $f_{CI1,y;} f_{CI2,y}$; $f_{CI1,z;} f_{CI2,z}$	am Befestigungspunkt C angreifende, reduzierte x,y u. z – Komponente der Kraft nach Dehnung/Stauchung der Schubfederhälften KüF I_1 bzw. I_2
$f_{CIV,x}; f_{CIV,y}; f_{CIV,z}$	am Befestigungspunkt C angreifende, reduzierte x;y;z – Komponente von f_{IV}
$f_{EI1,x}; f_{EI2,x}$; $f_{EI1,y;} f_{EI2,y}$; $f_{EI1,z}; f_{EI2,z}$	am Befestigungspunkt E angreifende, reduzierte x,y u. z – Komponente der Kraft nach Dehnung/Stauchung der Schubfederhälften KüF I_1 bzw. I_2
$f_{EVI,x}; f_{EVI,y}; f_{EVI,z}$	am Befestigungspunkt E angreifende, reduzierte x;y;z – Komponente von f_{VI}
f_{II}	$= IF_{AF}^{\rightarrow}I / F_{AF,\max}$ Betrag der bezogenen Gesamtkraft in KüF II
$f_x; f_y; f_z$	Komponenten einer red. Kraft am Antrieb
$f_{\xi}; f_{\psi}; f_{\zeta}$	Komponenten einer red. Kraft am Abtrieb
Σf_R	Summe aller KüF – Radialkräfte
$\Sigma f_{R,\mathrm{Drehg.}}$	Summe aller Radialkräfte aus der Verdrehung der KüF in der x – y – Ebene
$\Sigma f_{R,gel.}$	Summe der Radialkräfte bei gelenkiger KüF- Anbindung
Σf_{Ui}	Summe der Umfangskräfte (i = I_1;I_2;II;III_1;III_2;IV;V_1;V_2;VI)
Σf_{UA}; Σf_{UC}; Σf_{UE}	Summen der Umfangskräfte an den Punkten A; C und E

$\Sigma f_{U,\text{Drehg.}xy}$	Summe der Umfangkräfte in Folge der Verdrehung der KüF in der x – y – Ebene
$\Sigma f_{i,x}$	Summe der x – Komponenten (i = I_1;I_2;II;III_1;III_2;IV;V_1;V_2;VI)
$\Sigma f_{i,y}$	Summe der y – Komponenten (i = I_1;I_2;II;III_1;III_2;IV;V_1;V_2;VI)
$p_I; p_{II}$	Betrag der spezifischen Zug – bzw. Druckkraft in KüF I o.II
$m_{gel.i;}$	reduzierte Komponenten des Rückstellmomentes bei ge-
$m_{gel.\xi;} m_{gel.\psi}$	lenkiger KüF – Befestigung
$m_{A\xi}$; $m_{C\xi}$; $m_{E\xi}$	ξ – Komponente des Rückstellmomentes aus A, C und E
$m_{A\psi}$; $m_{C\psi}$; $m_{E\psi}$	ψ– Komponente des Rückstellmomentes aus A, C und E
$m_{\text{Drehg.}\psi}$	Rückstellmomentkomponente ψ aus der Verdrehung der KüF
$m_{AII,\,\text{Drehg.}\xi}$	ξ – und ψ – Komponente des spez. Rückstellmomentes am
$m_{AII,\text{Drehg.}\psi}$	Punkt A aus der Verdrehung der KüF II
$m_{AII,Schub,x}$	x Komponente des Rückstellmomentes in Folge Schubauslenkung von KüF II
$m_{AII,\,\text{Schub},\,y}$	y Komponente des Rückstellmomentes in Folge Schub-auslenkung von KüF II
$m_{\vec{AII},\,\text{Tors.}}$	spezifisches Torsionsmoment aus der Torsion von KüF II, eingeleitet am Punkt A
$m_{AII,\text{Tors.},x}$	x -,y – u. z – Komponente von $m_{\vec{AII},\,\text{Tors.}}$
$m_{AII,\,\text{Tors},\,y}$	
$m_{AII,\,\text{Tors},\,z}$	
$m_{AII,\,\text{Tors},\,xy}$	Die in der x – y – Ebene liegende Komponente von $m_{\vec{AII},\,\text{Tors}}$

VI. Winkel [deg; ° oder rad.],

α_1	$= \Omega_1 t + \vartheta$
α_2	$= \pi/6 - \alpha_1$
α_3	$= \pi/3 - \alpha_1$
β	Beugewinkel
$\Delta\phi$; $\Delta\phi(M)$	Verdrehwinkel zwischen Antriebs- und Abtriebsachse als Funktion von M
$\Delta\phi_{ges.}$	gesamter Verdrehwinkel der Kupplung
δ_1	Neigungswinkel der Projektion von KüF II in die x – y – Ebene zur y – Achse
δ_2	Neigungswinkel der Projektion von KüF II in die y – z – Ebene zur y – Achse
ε	Befestigungswinkel eines Antriebswellen-Flansches relativ zur x – z – Ebene bei $t = 0$
$\eta_{I;II}$	Neigungswinkel zwischen der Verbindungslinie A(M) – 0 und den Kraftvektoren $F_{\vec{AI},Drehg.}(M)$ bzw. $F_{\vec{AII},Drehg.}(M)$
φ_1	Drehwinkel (Ω_1, t) mit der Winkelgeschwindigkeit Ω_1 des Antriebes und der Zeit t

γ	Teilungswinkel der Befestigungen am Lochkreis $\gamma = \pi / 3$
γ_{II}	Torsionswinkel um die Achse von KüF II
μ_I	Verdrehwinkel der Projektion von KüF I in der x – y – Ebene um den Befestigungspunkt B zwischen den x – y – Projektionen von $A(\beta = 0) = A_0$ und $A(\beta)$
μ_{II}	Verdrehwinkel der Projektion von KüF II in der x – y – Ebene um Punkt F zwischen den x – y – Projektionen der Punkte $A(\beta = 0) = A_0$ und $A(\beta)$
ν_I ; ν_{II}	Verdrehwinkel der KüF I bzw. II um die Punkte B bzw. F in der x – y – Ebene
ϑ	Ausgleichswinkel

Literatur

1. Andrä, G.: Hyperelastische Gelenkkupplungen in PKW – Antriebs-Strängen: Analytische und numerische Berechnung sowie experimentelle Analyse, Diss. TU Darmstadt. Shaker, Aachen (2014)
2. Göbel, E.F.: Gummifedern- Berechnung und Gestaltung, 3. Aufl. Springer, Berlin (1969)
3. Reute, W.: Die Bewegungsverhältnisse bei Kreuzgelenkantrieben, aus: Konstruktion, 2. Jahrg. 1950, S. 305 ff. Springer, Berlin (1950)
4. Grote, K.-H., Feldhusen, J. (Hrsg.): Dubbel, Taschenbuch für den Maschinenbau, 23. Aufl. Springer, Berlin (2011)

H. R. Andrä und G. S. Andrä, *Die Kinematik der elastischen 6 – Loch – Gelenkkupplung*,
https://doi.org/10.1007/978-3-662-61530-0

MIX
Papier aus verantwortungsvollen Quellen
Paper from responsible sources
FSC® C105338

If you have any concerns about our products,
you can contact us on
ProductSafety@springernature.com

In case Publisher is established outside the EU,
the EU authorized representative is:
Springer Nature Customer Service Center GmbH
Europaplatz 3, 69115 Heidelberg, Germany

Printed by Libri Plureos GmbH
in Hamburg, Germany